电网企业
税务管理实务
（第二版）

国网安徽省电力有限公司　组编

中国电力出版社
CHINA ELECTRIC POWER PRESS

图书在版编目（CIP）数据

电网企业税务管理实务 / 国网安徽省电力有限公司组编. —2 版. —北京：中国电力出版社，
2020.2

ISBN 978-7-5198-4211-6

Ⅰ.①电⋯ Ⅱ.①国⋯ Ⅲ.①电力工业–工业企业管理–税收管理–中国 Ⅳ.①F812.423

中国版本图书馆 CIP 数据核字（2020）第 022712 号

出版发行：中国电力出版社
地　　址：北京市东城区北京站西街 19 号（邮政编码 100005）
网　　址：http://www.cepp.sgcc.com.cn
责任编辑：赵　鹏（010-63412555）
责任校对：黄　蓓　于　维
装帧设计：郝晓燕
责任印制：钱兴根

印　　刷：三河市航远印刷有限公司
版　　次：2020 年 2 月第二版
印　　次：2020 年 2 月北京第二次印刷
开　　本：710 毫米×1000 毫米　16 开本
印　　张：7.75
字　　数：136 千字
定　　价：50.00 元

编　委　会

目　录

第一章 增 值 税

第一节 基 本 知 识

一、概念

增值税是对在我国境内销售货物或者提供加工、修理修配劳务，销售服务、无形资产、不动产以及进口货物的单位和个人，就其流转过程中产生的增值额或者货物进口金额作为计税依据而课征的一种流转税。电力企业主要涉及销售电力产品及其他货物、提供电力过网服务等征收的税款。

二、计税依据

增值税是以增值额作为课税对象征收的一种税。我国目前采用的增值税计算方法为间接减法计税，又称购进扣税法或发票扣税法，是指不直接根据增值额计算增值税，而是首先计算出应税行为的整体税负，然后从整体税负中扣除法定的外购项目已纳税款。其计算公式为：

$$应纳税额=应税销售额×适用税率-非增值项目已纳税额$$
$$=销项税额-进项税额$$

一般对于电网企业来讲，应税销售额是指纳税人销售货物或者应税劳务向购买方收取的全部价款（含各种代征基金及附加）和价外费用，不包括向购买方收取的销项税额。

价外费用是指纳税人销售电力产品在目录电价或上网电价之外向购买方收取的各种性质的费用，包括向购买方收取的违约金、滞纳金、贴现利息及其他各种性质的价外收费。上述价外费用，无论会计制度规定如何核算，都应当并入销售额计税。

三、税率和征收率

1. 税率

当前增值税税率包括 13%、9%、6%、0%四档（见表 1-1）。

表1-1 增值税税率及适用范围

适 用 范 围	增值税税率
销售货物、劳务、有形动产租赁服务、进口货物	13%
提供交通运输、邮政、基础电信、建筑、不动产租赁服务，销售不动产，转让土地使用权	9%
销售现代服务（租赁服务除外）、增值电信服务、金融服务、生活服务、无形资产（转让土地使用权除外）	6%
零税率（适用于出口货物）	0%

2. 征收率

增值税征收率适用于两种情况：一是小规模纳税人；二是一般纳税人发生应税行为按规定可以选择简易办法计税的。现行增值税征收率包括法定征收率 3% 和特殊征收率 5%（见表1-2）。

表1-2 征收率税率及适用范围

征收率	适 用 范 围
法定征收率 3%	1. 小规模纳税人 2. 一般纳税人选择简易计税办法适用 3% 征收率的情况包括但不限于： （1）县级及县级以下小型水力发电单位生产的电力。小型水力发电单位，是指各类投资主体建设的装机容量为 5 万千瓦以下（含 5 万千瓦）的小型水力发电单位。 （2）自来水公司销售自来水。 （3）自产的商品混凝土（仅限于以水泥为原料生产的水泥混凝土）。 （4）公共交通运输服务，包括轮客渡、公交客运、轨道交通（含地铁、城市轻轨）、出租车、长途客运、班车。其中，班车是指按固定路线、固定时间运营并在固定站点停靠的运送旅客的陆路运输，不包括单位内部的通勤班车。 （5）电影放映服务、仓储服务、装卸搬运服务、收派服务和文化体育服务。 （6）提供物业管理服务的纳税人，向服务方收取的自来水费，以扣除其对外支付的自来水费后的余额为销售额，按照简易计税方法依 3% 的征收率计算缴纳增值税。 （7）提供非学历教育服务、教育辅助服务。 （8）以清包工方式提供的建筑服务。 （9）销售电梯的同时提供安装服务，其安装服务可以按照甲供工程选择适用简易计税方法计税
特殊征收率 5%	（1）小规模纳税人销售自建或者取得的不动产。 （2）一般纳税人选择简易计税方法计税的不动产销售。 （3）房地产开发企业中的小规模纳税人，销售自行开发的房地产项目。 （4）其他个人销售其取得（不含自建）的不动产（不含其购买的住房）。 （5）一般纳税人选择简易计税方法计税的不动产经营租赁。 （6）小规模纳税人出租（经营租赁）其取得的不动产（不含个人出租住房）。 （7）其他个人出租（经营租赁）其取得的不动产（不含住房）。

征收率	适 用 范 围
特殊征收率 5%	（8）一般纳税人收取试点前开工的一级公路、二级公路、桥、闸通行费，选择适用简易计税方法的。 （9）一般纳税人提供人力资源外包服务，选择差额纳税的，以取得的全部价款和价外费用，扣除代为向客户单位员工支付的工资、福利和为其办理社会保险及住房公积金后的余额为销售额，按照5%的征收率计算缴纳增值税。 （10）纳税人转让2016年4月30日前取得的土地使用权，选择适用简易计税方法的。 （11）一般纳税人和小规模纳税人提供劳务派遣服务选择差额纳税的，以取得的全部价款和价外费用，扣除代用工单位支付给劳务派遣人员的工资、福利和为其办理社会保险及住房公积金后的余额为销售额，按照简易计税方法依照5%的征收率计算缴纳增值税

四、电网企业增值税计算方法

电力产品属于特殊的产品，根据《电力产品增值税征收管理办法》的规定，国网安徽省电力有限公司系统内各单位根据公司性质不同，增值税计算方法包括以下四类：

1. 子公司性质的公司

按照适用税率计算，独立核算就地缴纳增值税，主要涉及送变电、监理、招标、光明物业等子公司。增值税计算公式为：

$$应纳税额＝销项税额－进项税额$$

2. 分公司性质的公司

（1）分公司性质的供电公司。

分公司性质的供电公司（包括16家市级供电公司和72家县级供电公司）按当期售电收入及代征的基金及附加，依核定的预征率计算供电环节预征税额，非售电环节的其他应税事项需按适用税率计算销项税额，二者合并作为当期应纳增值税额向其所在地主管税务部门申报纳税。当期发生的售电环节销项税、可抵扣进项税以及预征税额通过增值税进销项传递单，经由当地主管税务部门核对签章后，由省公司统一抵扣清算。增值税计算公式为：

$$应纳税额＝当期预征税额＋其他环节销项税额$$
$$预征税额＝供电环节销售额×核定的预征率$$

注：根据国家税务总局安徽省税务局《关于调整国网安徽省电力有限公司增值税预征率的通知》（皖税函〔2019〕207号），公司所属市级供电公司（含巢湖市供电公司）自2019年8月征期起，预征率为1.4%；根据《关于国网安徽省电力公司县级供电分公司增值税缴纳问题的公告》（公告〔2015〕6号），公司所属

县级供电公司自 2015 年 9 月征期起，预征率为 1.5%。

（2）分公司性质的中心机构。

分公司性质中心机构（包括物资、检修、建设、信通、经研院、综合服务中心等公司）无售电环节销售额，仅需就其他环节应税事项按适用税率，就地计算缴纳应交增值税。其经营过程中发生的可抵扣进项税通过增值税进销项传递单，经由当地主管税务部门核对签章后，由省公司统一抵扣清算。增值税计算公式为：

$$应纳税额 = 其他环节销项税额$$

3. 省级供电公司

省公司本部根据当期各分公司结转至省公司本部的售电环节销项税额、进项税额、预征税额，汇总计算当期应结补的增值税额。计算公式为：

$$应纳税额 = \sum（当期销项税额 - 当期进项税额 - 当期预征税额）$$

第二节　管　理　模　式

一、计算预征税

对于分公司性质的供电公司，月末税务管理岗根据营销部门提交确认的电费销售收入凭证提取当月售电收入数据（含价外基金，不含农村电网维护费），按照当期适用预征税率计算预征增值税。

二、结转进项税、销项税、预征税和进项税转出

对于市级供电分公司，月末税务管理岗需将相关的进项税、销项税、进项税转出和预征税结转至省公司；对于县级供电分公司，月末税务管理岗需将相关的进项税、销项税、进项税转出和预征税结转至市公司，由市公司将地区所有县公司数据统一结转至省公司。此步骤在 ERP 系统中处理。

三、抄税

在纳税申报期内，按照先分盘后主盘的顺序在开票系统进行抄税。

四、申报增值税

在申报期内，税务管理岗依据税务局规定格式填列增值税申报表。各单位应加强已开票、未开票收入管理，规范项目填列行次。其中：预征税额应填列在表 1-3 中 13a 行次。

表1－3 增值税纳税申报表附列资料（一）（本期销售情况明细）

税款所属时间：　年　月　日至　年　月　日　　纳税人名称：（公章）

金额单位：元至角分

项目及栏次		开具增值税专用发票		开具其他发票		未开具发票		纳税检查调整		合计		价税合计	服务、不动产和无形资产扣除项目本期实际扣除金额	扣除后	
		销售额	销项（应纳）税额	销售额	销项（应纳）税额	销售额	销项（应纳）税额	销售额	销项（应纳）税额	销售额	销项（应纳）税额	价税合计		含税（免税）销售额	销项（应纳）税额
		1	2	3	4	5	6	7	8	9＝1+3+5+7	10＝2+4+6+8	11＝9+10	12	13＝11－12	14＝13÷（100%+税率或征收率）×税率或征收率
一、一般计税方法计税 全部征税项目	13%税率的货物及加工修理修配劳务　1														
	13%税率的服务、不动产和无形资产　2												—	—	—
	9%税率的货物及加工修理修配劳务　3														
	9%税率的服务、不动产和无形资产　4												—	—	—
	6%税率　5														

续表

项目及栏次	开具增值税专用发票		开具其他发票		未开具发票		纳税检查调整		合计			服务、不动产和无形资产扣除项目本期实际扣除金额	扣除后	
	销售额	销项（应纳）税额	销售额	销项（应纳）税额	销售额	销项（应纳）税额	销售额	销项（应纳）税额	销售额	销项（应纳）税额	价税合计		含税（免税）销售额	销项（应纳）税额
栏次	1	2	3	4	5	6	7	8	9＝1+3+5+7	10＝2+4+6+8	11＝9+10	12	13＝11－12	14＝13÷（100%＋税率或征收率）×税率或征收率
一、一般计税方法计税　其中：即征即退项目　6　即征即退货物及加工修理修配劳务	—	—	—	—	—	—	—	—	—	—	—	—	—	—
7　即征即退服务、不动产和无形资产	—	—	—	—	—	—	—	—	—	—	—	—	—	—
8　6%征收率	—	—	—	—	—	—	—	—	—	—	—	—	—	—
二、简易计税方法计税　全部征税项目　9a　5%征收率的货物及加工修理修配劳务	—	—	—	—	—	—	—	—	—	—	—	—	—	—
9b　5%征收率的服务、不动产和无形资产	—	—	—	—	—	—	—	—	—	—	—	—	—	—
10　4%征收率	—	—	—	—	—	—	—	—	—	—	—	—	—	—
11　3%征收率的货物及加工修理修配劳务	—	—	—	—	—	—	—	—	—	—	—	—	—	—

续表

项目	栏次	开具增值税专用发票		开具其他发票		未开具发票		纳税检查调整		合计		价税合计	服务、不动产和无形资产扣除项目本期实际扣除金额	扣除后	
		销售额	销项（应纳）税额	销售额	销项（应纳）税额	销售额	销项（应纳）税额	销售额	销项（应纳）税额	销售额	销项（应纳）税额	价税合计		含税（免税）销售额	销项（应纳）税额
		1	2	3	4	5	6	7	8	9=1+3+5+7	10=2+4+6+8	11=9+10	12	13=11-12	$14=13÷(100\%+税率或征收率)×税率或征收率$
二、简易计税方法计税 全部征税项目 3%征收率的服务、不动产和无形资产	12														
预征率 ___%	13a							—	—						
预征率 ___%	13b							—	—						
预征率 ___%	13c							—	—						
其中：即征即退项目 即征即退货物及加工修理修配劳务	14	—	—	—	—	—	—	—	—			—	—	—	—
即征即退服务、不动产和无形资产	15	—	—	—	—	—	—	—	—			—	—	—	—

续表

项目及栏次			开具增值税专用发票		开具其他发票		未开具发票		纳税检查调整		合计			服务、不动产和无形资产扣除项目本期实际扣除金额	扣除后	
			销售额	销项（应纳）税额	销售额	销项（应纳）税额	销售额	销项（应纳）税额	销售额	销项（应纳）税额	销售额	销项（应纳）税额	价税合计		含税（免税）销售额	销项（应纳）税额
			1	2	3	4	5	6	7	8	$9=1+3+5+7$	$10=2+4+6+8$	$11=9+10$	12	$13=11-12$	$14=13\div(100\%+$税率或征收率$)\times$税率或征收率
三、免抵退税	货物及加工修理修配劳务	16	—	—												
	服务、不动产和无形资产	17	—	—		—		—		—		—		—		—
四、免税	货物及加工修理修配劳务	18	—	—		—		—		—		—		—		—
	服务、不动产和无形资产	19	—	—		—		—		—		—		—		—

选择网上申报的，在申报期内根据"应交税费-应交增值税"科目进项税、销项税、预征税明细数据，在 12366 电子税务局网上申报系统进行网上申报。选择至税务部门申报的，在申报期内持已加盖公章的《增值税纳税申报表》《电力企业增值税销项税额和进项税额传递单》、税控盘等资料至当地税务部门办理增值税纳税申报。

如果已签订自动扣款协议，则通过三方协议自动扣款；如果未签订自动扣款协议，则通过税收缴款书由银行代扣。

五、填制报送电力企业增值税传递单

分公司性质的供电公司在申报纳税的同时，填写《电力企业增值税销项税额和进项税额传递单》（见表 1-4）一式三份提交税务部门签章，一份税务部门留存备查，一份由各单位留存归档，另一份传递给省公司。

表 1-4　　　　201×年×月电力企业增值税销项税额和进项税额传递单

税款所属时间：自 201×年×月×日至 201×年×月×日　　　填表日期：201×年×月×日

所隶属电力集团		国网安徽省电力有限公司		
企业类型		供电企业		
纳税人名称		市级供电分公司（全称）	县级供电分公司（全称）	合计
纳税人识别号				
营业地址				
电话号码				
开户银行及账号				
销项税	销售电量　　1			
	电价　　2			
	售电收入　　3=1×2			
	应税价外费用　　4			
	不征税的价外费用　　5			
	预征税额　　6 = (3+4)×预征率			

续表

进项税	本期发生进项	7			
	本期发生进项税转出	8			
	本期实际抵扣税额	9=7-8			
税款征收	本期应缴增值税	—			
	本期已缴增值税	—			
	本期欠缴增值税	—			
	本年累计缴纳增值税	—			

报送单位确认　　　　　　　报送单位经办　　　　　　主管税务机关确认
单位盖章　　　　　　　　　人员签字　　　　　　　　主管税务机关签章

注：本表在申报期内，随同申报表一同报送至主管税务机关，税务机关审核完毕后，按隶属关系报送
　　上一级汇总审核，并报送至相应税务机关审核盖章后继续上报。

填报口径：

售电收入：根据"主营业务收入-电力销售-电费收入"科目月贷方发生额填列；

不征税的价外费用：根据"主营业务收入-电力销售-代征基金"科目月贷方发生额，分析填列其中农村电网维护费收入；

应税价外费用：根据"主营业务收入-电力销售-代征基金"科目月贷方发生额，分析填列其中大中型水库移民扶持基金、地方水库移民扶持基金、可再生能源附加、国家重大水利工程建设基金、农网还贷资金等收入；

本期应缴增值税：根据"应交税费-应交增值税-转出未交增值税"科目月借方发生额填列；

本期已缴增值税：根据"应交税费-未交增值税"科目月借方发生额填列；

本期欠缴增值税：如无特殊原因，应等同本期应缴增值税额。

第三节　常规业务及账务处理

一、销项税业务（见表1-5）

表1-5　　　　　　　销项税业务及征税对象一览表

序号	涉税业务种类	征 税 对 象	税率/征收率	预征率
1	售电业务(终端客户销售总计）	电费（不含税、不含基金及附加）	13%	2.2%/1.5%
		农网还贷资金	13%	2.2%/1.5%
		大中型水库移民扶持基金	13%	2.2%/1.5%
		地方水库移民扶持基金	13%	2.2%/1.5%
		可再生能源附加	13%	2.2%/1.5%
		差别电价收入	13%	2.2%/1.5%
		国家重大水利工程建设基金	13%	2.2%/1.5%
		农村电网维护费收入	免征	—
2	高可靠性供电业务	向用户收取的高可靠性供电收入	9%	—
3	充换电业务	根据售电量向充换电用户收取的服务费	13%	—
4	客户备用容量业务	备用容量收入	9%	—
5	客户违约业务	电费违约金、滞纳金收入	13%	—
6	赔表业务	计量装置损坏赔偿收入	13%	—
7	手续费业务	代扣代缴个人所得税、代征城市公共事业附加等手续费收入	6%	—
8	销售材料业务	销售材料收入（含跨省调拨等）	13%	—
9	固定资产处置业务	销售废旧固定资产取得收入	13%/3%减按2%/3%	—
10	用户工程业务	市政、住宅小区等工程收入	9%/3%	—

二、进项税业务

（1）购入电力费。

（2）购入材料费、其他费用性购入（如办公用品、低值易耗品等）、接受增值税应税劳务。

（3）购入符合规定的劳动保护用品。

（4）购入工程物资、固定资产以及接受投资、捐赠固定资产。

（5）购入交通运输服务、有形动产租赁服务、研发和技术服务、信息技术服务、文化创意服务、物流辅助服务、鉴证咨询服务、广播影视服务等。

（6）购进建筑服务、金融服务、生活服务，购进不动产及无形资产。

（7）用于简易计税方法计税项目、免征增值税项目、集体福利或者个人消费的购进货物、加工修理修配劳务、服务、无形资产和不动产的进项税额不得从销项税额中抵扣。其中涉及的固定资产、无形资产、不动产，仅指专用于上述项目的固定资产、无形资产（不包括其他权益性无形资产）、不动产。

（8）公司系统内一般纳税人之间提供建筑服务等应税服务，不得选择适用简易计税，以免导致进项税额不能抵扣损失。

三、账务处理

1. 销项税常规业务的会计处理

（1）销售电力（包括随同电费收取的国家重大水利工程建设基金、农网还贷资金、城市公共事业附加、大中型水库移民后期扶持基金、地方水库后期扶持基金、可再生能源电价附加、差别电价收入）。

借：应收账款—应收售电收入—电费等

　　贷：主营业务收入—电力销售—电费收入等

　　　　应交税费—应交增值税—销项税额

（2）收取的高可靠供电费、备用容量费。

借：银行存款等

　　贷：主营业务收入—可靠性供电收入

　　　　主营业务收入—自备电厂—系统备用容量费

　　　　应交税费—应交增值税—销项税额

（3）电费违约金、滞纳金收入。

借：银行存款

　　贷：营业外收入—违约金

　　　　应交税费—应交增值税—销项税额

（4）销售材料、废旧物资等。

借：银行存款等

　　贷：其他业务收入—收入

　　　　固定资产清理

　　　　应交税费—应交增值税—销项税额

2. 进项税常规业务的会计处理

（1）购入电力费。

借：生产成本—购电成本

　　应交税费—应交增值税—进项税额

　　贷：应付账款—应付购电费

（2）购入材料、工程物资、应税服务等。

借：应付账款—应付暂估款

　　应交税费—应交增值税—进项税额

　　贷：应付账款—应付物资款等

（3）其他费用性购入。

借：生产成本—差旅费等

　　应交税费—应交增值税—进项税额

　　贷：银行存款

（4）接受捐赠。

借：固定资产等

　　应交税费—应交增值税—进项税额

　　贷：营业外收入—接受捐赠利得

　　　　资本公积

（5）购入固定资产。

借：固定资产

　　应交税费—应交增值税—进项税额

　　贷：应付账款—应付物资款等

3. 缴纳增值税的会计处理

借：应交税费—未交增值税

　　贷：银行存款

4. 月末结转增值税的会计处理

（1）结转当月发生的应交未交增值税。

借：应交税费—应交增值税

　　贷：应交税费—未交增值税

（2）结转当月发生的多交增值税（"应交税费—应交增值税"科目借方余额，因预缴形成，非留抵税额）。

借：应交税费—未交增值税

　　贷：应交税费—应交增值税

（3）留抵税额月末无须处理，年末重分类至"其他流动资产"。

5. 分公司与省公司之间增值税结转的会计处理

分公司每月执行 ERP 系统操作命令，将本单位增值税进项税、销项税、预征税、进项税转出等跨利润中心结转省公司。

（1）县公司结转进项税至市公司。

借：应交税费—应交增值税—增值税列转—进项税额（市公司利润中心）

　　贷：应交税费—应交增值税—增值税列转—进项税额（县公司利润中心）

（2）县公司结转销项税至市公司。

借：应交税费—应交增值税—增值税列转—销项税额（县公司利润中心）

　　贷：应交税费—应交增值税—增值税列转—销项税额（市公司利润中心）

（3）县公司结转预征税额至市公司。

借：应交税费—应交增值税—增值税列转—预交税额（市公司利润中心）

　　贷：应交税费—应交增值税—增值税列转—预交税额（县公司利润中心）

（4）县公司结转进项税转出至市公司。

借：应交税费—应交增值税—增值税列转—进项税转出（县公司利润中心）

　　贷：应交税费—应交增值税—增值税列转—进项税转出（市公司利润中心）

（5）市公司结转进项税至省公司。

借：应交税费—应交增值税—增值税列转—进项税额（省公司利润中心）

　　贷：应交税费—应交增值税—增值税列转—进项税额（市公司利润中心）

（6）市公司结转销项税至省公司。

借：应交税费—应交增值税—增值税列转—销项税额（市公司利润中心）

　　贷：应交税费—应交增值税—增值税列转—销项税额（省公司利润中心）

（7）市公司结转预征税额至省公司。

借：应交税费—应交增值税—增值税列转—预交税额（省公司利润中心）

　　贷：应交税费—应交增值税—增值税列转—预交税额（市公司利润中心）

（8）市公司结转进项税转出至省公司。

借：应交税费—应交增值税—增值税列转—进项税转出（市公司利润中心）

　　贷：应交税费—应交增值税—增值税列转—进项税转出（省公司利润中心）

注：根据多维精益管理变革工作安排，具体科目可能有所调整，以最新通知为准。

第四节　税收优惠及特殊规定

一、税收优惠

1. 农村电网维护费免征增值税

根据《财政部　国家税务总局关于免征农村电网维护费增值税问题的通知》（财税字〔1998〕47号）、《国家税务总局关于供电企业收取的免税农村电网维护费有关增值税问题的通知》（国税函〔2005〕778号），从1998年1月1日起，对农村电管站在收取电价时一并向用户收取的农村电网维护费（包括低压线路损耗和维护费以及电工经费）给予免征增值税的照顾。

对供电企业收取的免征增值税的农村电网维护费，不分摊转出外购电力产品所支付的进项税额。

2. 3%征收率减按2%征收增值税

一般纳税人销售自己使用过的属于《中华人民共和国增值税暂行条例》第十条规定不得抵扣且未抵扣进项税额的固定资产，按照简易办法依照3%征收率减按2%征收增值税；纳税人可以放弃减税，按照简易办法依照3%征收率缴纳增值税，并可以开具增值税专用发票。

二、特殊规定

1. 农村电网维护费

根据《安徽省农村电价管理办法》规定，农村电网维护费由三部分组成，即农村电网的损耗费用、农村电网的运行维护费用以及电工经费。根据《国家税务总局关于农村电网维护费征免增值税问题的通知》（国税函〔2009〕591号）规定，对收取的农村电网维护费免征增值税，不得开具增值税专用发票，购进的货物或者材料用于农村电网维护支出，不得抵扣进项税。

2. 视同销售业务

将自制、委托加工的材料用于免税项目，作为投资、分配、集体福利和个人消费、赠送他人，或者将购买的货物作为投资、分配、赠送他人，应视同销售，计提缴纳增值税。

3. 销售已使用过的固定资产

销售使用过 2009 年 1 月 1 日以后购进或者自制的固定资产，按照 13%税率缴纳增值税。使用过的固定资产作为废旧材料销售的，按照 13%缴纳增值税。销售使用过的 2008 年 12 月 31 日以前购进或者自制的固定资产，按照简易办法依照 3%征收率减按 2%缴纳增值税。放弃减免税的，按照简易办法依照 3%征收率缴纳增值税，并可以开具增值税专用发票。

案例 1：出售固定资产的增值税处理

案例描述

税务部门于 2018 年 9 月对某供电公司 2017 年、2018 年涉税事项进行检查。检查发现，该公司 2017 年出售 2013 年购入的非应征消费税的固定资产废旧收入 100 万元，未计缴增值税；2018 年 6 月出售废旧固定资产收入 90 万元，其中出售 2008 年 12 月 31 日前购入的固定资产收入 80 万元，已计提增值税 $80 \div (1+3\%) \times 2\% + 10 \div (1+16\%) \times 16\% = 2.93$（万元）。检查认为，2018 年增值税计算正确。但应补缴 2017 年增值税 $100 \div (1+17\%) \times 17\% = 14.53$（万元）。

案例分析

根据《财政部　国家税务总局关于全面推开营业税改征增值税试点的通知》（财税〔2016〕36 号）、《财政部　税务总局关于调整增值税税率的通知》（财税〔2018〕32 号）等文件规定，自 2018 年 5 月 1 日起：① 销售自己使用过的 2009 年 1 月 1 日以后购进或者自制的固定资产，一般纳税人按照 16%税率缴纳增值税，即应纳税额＝含税销售额÷(1＋16%)×16%。小规模纳税人按 3%征收率缴纳增值税，即应纳税额＝含税销售额÷(1＋3%)×3%。② 2008 年 12 月 31 日以前未纳入扩大增值税抵扣范围试点的纳税人，销售自己使用过的 2008 年 12 月 31 日以前购进或者自制的固定资产，按照简易办法依照 3%征收率减按 2%缴纳增值税，即应纳税额＝含税销售额÷(1＋3%)×2%。③ 2008 年 12 月 31 日以前已纳入扩大增值税抵扣范围试点的纳税人，销售自己使用过的在本地区扩大增值税抵扣范围试点以前购进或者自制的固定资产,按照简易办法依照 3% 征收率减按 2% 缴纳增值税,即应纳税额=含税销售额÷(1+3%)×2%;销售自己使用过的在本地区扩大增值税抵扣范围试点以后购进或者自制的固定资产,按照适用税率征收增值税,即应纳税额=含税销售额÷(1+16%)×16%。④ 纳税人销售自己使用过 2013 年 8 月 1 日以前购置的原属于自用的应征消费税的摩托车、汽车等固定资产,按照简易办法依照 3% 征收率减按 2% 缴纳增值税,即应纳税额=含税销售额÷(1+3%)×2%。案例中该公司 2017 年出售 2013 年购入的非应征消费税的固定资产废旧收入 100 万元,应按照纳税义务发生时间适用税率缴纳增值税 100÷(1+17%)×17%=14.53(万元)。

启示与建议

各单位应加强处置固定资产购进或自制日期的梳理核实,区别具体情况准确计算应交增值税额。出售使用过的固定资产,2008 年 12 月 31 日前购置的固定资产,增值税计缴的原则是:已抵扣进项税的按适用计缴增值税销项税,未抵扣进项税的按照简易办法依照 3% 征收率减按 2% 缴纳增值税;2009 年 1 月 1 日以后购置的固定资产,无论是否已抵扣进项税均按适用税率计缴增值税销项税;处置 2013 年 8 月 1 日以前购置的应征消费税的自用小汽车、摩托车等特殊固定资产,均按照简易办法依照 3% 征收率减按 2% 缴纳增值税。但应注意,如固定资产是整体出售的,按上述原则处理;如固定资产不是整体出售,而是拆分后再进行出售且不具有原资产使用效能的,则应比照废旧材料处理方式,均按 16% 税率缴纳税款。

案例 2:营销推广活动赠送客户礼品的税务处理

案例描述

在 2017 年度税收执法检查中,税务人员发现某供电公司在年终业务宣传活动中,向本单位的客户赠送价值 235 670 元的礼品,故要求该供电公司补缴增值税款 235 670÷(1+17%)×17%=34 242.65(元)。税务人员的理由是《中华人民共和国增值税暂行条例实施细则》(以下简称《实施细则》)第四条第(八)项规定,将自产、委托加工或者购进的货物无偿赠送其他单位或者个人,视同销售货物,需缴纳增值税。

案例分析

税务部门认为依据《实施细则》第四条第（八）项规定，将自产、委托加工或者购进的货物无偿赠送其他单位或者个人，需缴纳增值税。所以上述行为应该按照视同销售缴纳增值税，同时，购进礼品的进项税额可以抵扣。

启示与建议

财务人员要加强税法的学习和对公司经济业务的了解，营销业务推广活动应研究其中涉税行为，按照税法的规定处理涉税事项。

案例3：航空公司退票手续费应开具增值税发票

案例描述

在2018年省公司组织的税务风险现场检查中，发现A供电公司人员由于工作临时安排，购买机票行程改变，产生了一定的退票费用，未取得航空公司开具退票费用发票，仅以收费单等作为入账依据。经咨询，经办人员反馈航空公司对于退票费用不开具发票，只提供收费单。

案例分析

目前航空运输电子客票行程单是由国家税务总局监制并按照《中华人民共和国发票管理办法》（以下简称《发票管理办法》）纳入税务部门发票管理，是旅客购买国内航空运输电子客票的付款及报销的凭证。而退票费用的收费单是航空公司自行印制的收据，不符合有关规定的要求。根据《财政部 国家税务总局关于租入固定资产进项税额抵扣等增值税政策的通知》（财税〔2017〕90号）规定：自2018年1月1日起，纳税人已售票但客户逾期未消费取得的运输逾期票证收入，按照"交通运输服务"缴纳增值税。纳税人为客户办理退票而向客户收取的退票费、手续费等收入，按照"其他现代服务"缴纳增值税。

根据上述规定，航空公司应开具"其他现代服务"项目增值税发票。

启示与建议

财务人员应加强新政策的学习及传导工作，相关业务人员应就退票费用向航空公司索要发票，如对方拒开发票可争取与对方单位财务人员沟通对接或打

12366 进行举报。

案例 4：购进兼用小汽车抵扣进项税

案例描述

某供电公司 2017 年 9 月购进一台小汽车，并取得机动车销售统一发票，价税合计 23 400 元，该公司财务人员认为小汽车部分用于公司简易计税居配工程项目，不能抵扣进项税，因此未抵扣进项税额 3400 元。

案例分析

《财政部 国家税务总局关于全面推开营业税改征增值税试点的通知》（财税〔2016〕36 号）附件 1《营业税改征增值税试点实施办法》第二十七条第（一）项规定：用于简易计税方法计税项目、免征增值税项目、集体福利或者个人消费的购进货物、加工修理修配劳务、服务、无形资产和不动产的进项税额不得从销项税额中抵扣。其中涉及的固定资产、无形资产、不动产，仅指专用于上述项目的固定资产、无形资产（不包括其他权益性无形资产）、不动产。依据上述规定，公司购买的车可以全额抵扣进项税。

启示与建议

全面营改增后，政策出台频繁，各单位应加强新政策研读分析，避免应抵未抵的情况发生，切实维护企业利益。

案例 5：购进货物用于不动产

案例描述

某供电公司 2017 年 2 月购进一部电梯用于更换原办公用房老旧电梯，并取得增值税专用发票，价税合计 117 000 元，原办公用房入账价值 5 000 000 元，该公司财务人员认为购进电梯用于不动产项目，将进项税额 17 000 元的 60%在当月抵扣，40%部分在第 13 个月抵扣。

案例分析

根据《不动产进项税额分期抵扣暂行办法》（国家税务总局公告 2016 年第 15 号）第三条规定：纳税人 2016 年 5 月 1 日后购进货物和设计服务、建筑服务，用于新建不动产，或者用于改建、扩建、修缮、装饰不动产并增加不动产原值超过 50%的，其进项税额依照本办法有关规定分 2 年从销项税额中抵扣。故上述电梯无须分期抵扣进项税。

启示与建议

全面营改增后，政策出台频繁，各单位应加强新政策研读分析，避免应抵未抵的情况发生，切实维护企业利益。

案例 6：物资报废进项税转出

案例描述

某供电公司 2017 年 12 月对仓库存货进行了盘点清查，清查出报废材料物资不含税账面价值 10 万元，经检查为因管理不善造成毁损，该公司将该批报废物资按账面价值 10 万元记入"营业外支出"科目；该公司将报废物资经拍卖后取得（含税）收入 3.51 万元，记入"营业外收入"科目。

案例分析

材料物资由于管理不善发生的损失属于非正常损失，根据《增值税暂行条例》第十条规定，非正常损失的购进货物及相关的应税劳务，其进项税额不得从销项税额中抵扣。因此该公司应将管理不善净损失 7 万元［(10−3.51)÷(1+17%)］记入"营业外支出"，并做进项税额转出 1.19 万元（7×17%），对处置收入计缴销项税 0.51 万元[3.51÷(1+17%)×17%]。

启示与建议

对存货的处置，应分清处置的原因，是属于正常处置还是非正常报废处置，按处置净收入计入相应的科目，同时分别计提销项税和做进项税额转出处理。

案例 7：用电违约金及滞纳金征收增值税

案例描述

2017 年，某国税局对某供电公司 2016 年纳税情况进行税务稽查，发现该公司向客户收取的用电违约金 11.7 万元未缴纳增值税。该供电公司认为，向客户收取的用电违约金是依据《供电营业规则》等有关电力管理法规对客户违章用电进行的处罚，属罚款性质，因此未计提销项税。税务部门则认为，向客户收取的用电违约金应作为价外费用全额计缴增值税 1.7 万元。

案例分析

根据《中华人民共和国增值税暂行条例实施细则》（财政部令第 65 号）第十二条关于价外费用的规定，价外费用包括价外向购买方收取的手续费、补贴、基金、集资费、返还利润、奖励费、违约金、滞纳金、延期付款利息、赔偿金、代收款项、代垫款项、包装费、包装物租金、储备费、优质费、运输装卸费以及其他各种性质的价外收费。因此，该公司向客户收取的用电违约金应作为价外费用全额计缴增值税 1.7 万元。

启示与建议

各单位应正确处理全部涉税事项，对于收取的电费滞纳金应及时手工计提销项税，避免少缴增值税行为。

案例 8：增值税专用发票丢失处理

案例描述

某供电公司财务人员在到税务局办税的途中不小心将随身携带的文件袋丢失，里面放有两张增值税专用发票抵扣联，其中一张已扫描认证，另一张尚未认证。两张发票涉及增值税税款金额高达 60 万元，该财务人员发现增值税发票丢失后非常着急，担心给公司造成巨额损失，急忙寻求税务管理人员的帮助。税务管理人员向其解释，已认证的专用发票可以使用发票联复印件留存备查，未认证的可使用专用发票发票联到主管税务部门认证，专用发票发票联复印件留存备查。财务人员听取税务人员的意见后将发票联送到税务部门认证通过，避免了给企业造成损失。

案例分析

根据《国家税务总局关于修订〈增值税专用发票使用规定〉的通知》（国税发〔2006〕156 号）、《国家税务总局关于红字增值税发票开具有关问题的公告》（国家税务总局公告 2016 年第 47 号）等文件规定，增值税一般纳税人开具增值税专用发票后，发生销货退回、开票有误、应税服务中止等情形但不符合发票作废条件，或者因销货部分退回及发生销售折让，需要开具红字专用发票的，按以下方法处理：

1. 购买方取得专用发票已用于申报抵扣的,购买方可在增值税发票管理新系统中填开并上传《开具红字增值税专用发票信息表》（以下简称《信息表》），在填开《信息表》时不填写相对应的蓝字专用发票信息，应暂依《信息表》所列增值税税额从当期进项税额中转出，待取得销售方开具的红字专用发票后，与《信息表》一并作为记账凭证。

2. 购买方取得专用发票未用于申报抵扣、但发票联或抵扣联无法退回的，购买方填开《信息表》时应填写相对应的蓝字专用发票信息。

3. 销售方开具专用发票尚未交付购买方，以及购买方未用于申报抵扣并将发票联及抵扣联退回的，销售方可在新系统中填开并上传《信息表》。销售方填开《信息表》时应填写相对应的蓝字专用发票信息。

4. 一般纳税人丢失已开具专用发票的抵扣联，如果丢失前已认证相符的，可使用专用发票的发票联复印件留存备查。如果丢失前未认证的，可使用专用发票的发票联到主管税务部门认证,专用发票的发票联复印件留存备查。

5. 一般纳税人丢失已开具专用发票的发票联,可将专用发票抵扣联作为记账凭证,专用发票抵扣联复印件留存备查。

启示与建议

各单位应进一步规范发票管理，妥善保管已开具的发票、空白发票及从外部单位取得的发票，发票的购买、领用、内部传递应严格交接。对于已丢失的发票，取得必要的证明后按相关规定处理。

案例 9：延期开票的涉税问题

案例描述

某县级供电公司 2017 年 9 月因用户未及时前来开票，导致 9 月部分电费收入延期到 10 月开具，涉及含税金额 1170 万元，10 月收入对应的发票全部在当月开具完毕，11 月申报 10 月税款时存在销售收入小于开票金额 1000 万元。12 月份，主管税务部门对该供电公司未按照规定时间开具增值税发票行为处以罚款8000 元。

案例分析

根据《中华人民共和国发票管理办法实施细则》第二十六条规定，填开发票的单位和个人必须在发生经营业务确认营业收入时开具发票。《发票管理办法》第三十五条第（一）项规定，应当开具而未开具发票，或者未按照规定的时限、顺序、栏目，全部联次一次性开具发票，或者未加盖发票专用章的，由税务机关责令改正，可以处 1 万元以下罚款，有违法所得的予以没收。故上述延期开票行为违反了《发票管理办法》第三十五条规定。

启示与建议

各单位电费发行收入应按纳税义务发生时间进行开票，不得提前和滞后。对于提前开票的电费收入，不论营销系统是否在当月发行都应在当月缴纳税款。

案例 10：增值税专用发票作废

案例描述

某供电公司 2017 年 8 月末收到一张用户退还的本月开具的增值税专用发票（发票联和抵扣联），用户称购货单位名称开具有误，该供电公司开票人员遂将发票票面作废，并在防伪税控系统中将相应的数据电文按"作废"处理，并重新开具专用发票。

案例分析

根据《国家税务总局关于修订〈增值税专用发票使用规定〉的通知》（国税

发〔2006〕156 号）第十三条规定，一般纳税人在开具专用发票当月，发生销货退回、开票有误等情形，收到退回的发票联、抵扣联符合作废条件的，按作废处理；在开具时发现有误的，可即时作废。

启示与建议

各单位应对营销开票人员进行必要的涉税业务培训，使其能够正确处理不同类型的发票退回业务，必要时财务人员协助营销人员进行处理。

案例 11：开具红字增值税专用发票

案例描述

某供电公司 2017 年 8 月收到一张用户退还的增值税专用发票（发票联和抵扣联），该发票为 7 月开具，用户称购货单位名称开具有误，该供电公司开票人员遂将发票票面作废，并重新开具专用发票。对方单位对该发票未认证未抵扣。

案例分析

根据《国家税务总局关于修订〈增值税专用发票使用规定〉的通知》（国税发〔2006〕156 号）第十三条规定，一般纳税人在开具专用发票当月，发生销货退回、开票有误等情形，收到退回的发票联、抵扣联符合作废条件的，按作废处理；在开具时发现有误的，可即时作废。本案例中，供电公司 8 月收到用户退回的 7 月开具的发票，不符合增值税专用发票作废的条件，不应将发票票面直接作废。该公司应在开票系统中填报《开具红字增值税专用发票申请单》，凭审核后的《开具红字增值税专用发票通知单》开具红字专用发票。

启示与建议

各单位应对营销开票人员进行必要的涉税业务培训，使其能够正确处理不同类型的发票退回业务，必要时财务人员协助营销人员进行处理。

案例 12：农维费材料进项税抵扣

案例描述

某供电公司 2017 年 6 月集中采购一批物资，财务部门做发票校验，并抵扣进项税额。物资部门将该批物资中的一部分发货至业务部门用于农维费检修项目，但未及时通知财务部门，造成月末对用于农维费支出的物资未做进项税转出处理。

案例分析

根据《中华人民共和国增值税暂行条例》（国务院令第 691 号）、《财政部 国家税务总局关于全面推开营业税改征增值税试点的通知》（财税〔2016〕36 号）等文件规定，用于简易计税方法计税项目、免征增值税项目、集体福利或者个人消费的购进货物、加工修理修配劳务、服务、无形资产和不动产，其进项税额不能抵扣。其中涉及的固定资产、无形资产、不动产，仅指专用于上述项目的固定资产、无形资产（不包括其他权益性无形资产）、不动产。用于免税、非应税项目的购进货物或者应税劳务的已抵扣进项税额的外购货物或应税劳务，如果改变用途用于免税、非应税项目、集体福利或个人消费等情况时，其已抵扣进项税额应转出。案例中集中采购的物资如事先已确定用于农维费项目，其进项税额不应抵扣，如事先未确定具体用途可先予以抵扣进项税，但用于农维费支出后，因农维费属于免税项目，则应做进项税转出处理。

启示与建议

各单位应加强物资采购管理，若采购物资明确用于农维费项目，进项税额计入项目成本，若采购物资用途不明确，用于农维费项目时应及时做进项税转出处理，有效防范税务检查风险。

案例 13：取得备注栏不符合规定的发票处理

案例描述

税务部门于 2018 年 3 月对某供电公司 2015 年、2016 年、2017 年涉税事项进行检查。检查发现，该公司 2017 年取得的部分建筑施工企业开具的建筑安装服务发票，备注栏未填写建筑服务发生地县（市、区）名称及项目名称。检查认为，该公司取得的发票属于"未按照规定的栏目开具的发票"。

案例分析

《关于全面推开营业税改征增值税试点有关税收征收管理事项的公告》（国家税务总局公告 2016 年第 23 号）第四条第（三）项规定："提供建筑服务，纳税人自行开具或者税务机关代开增值税发票时，应在发票的备注栏注明建筑服务发生地县（市、区）名称及项目名称。"故上述发票属于不符合规定的发票，应予以退回重开。

启示与建议

各单位财务人员应加强税收知识学习，把握最新要求，审核时对于不符合规定的发票予以退回，防范增值税和企业所得税双重税收风险。

案例 14：发票开具应税服务名称与合同约定不符的业务处理

案例描述

某供电公司 2017 年 10 月取得甲物业服务企业开具的税率为 6%、项目内容为物业服务的增值税专用发票。后经审计，该发票对应合同内容包含办公场所装修服务，因此认定发票开具事项与合同内容约定不符。

案例分析

《关于明确金融房地产开发教育辅助服务等增值税政策的通知》（财税〔2016〕140 号）第十五条规定：物业服务企业为业主提供的装修服务，按照"建筑服务"缴纳增值税。案例中甲物业服务企业提供的办公场所装修服务，应区别物业服务、建筑服务，分别开具适用税率发票。

启示与建议

一方面，填开与实际交易不符的增值税专用发票，属于"虚开"。各单位应加强对发票对应合同内容的审核，确保发票货物与应税劳务、服务名称与合同约定内容匹配。另一方面，各单位应加强对具体业务税项的认定，防范认定错误带来的税务风险。

案例 15：规范劳动保护费及福利费支出进项税额抵扣

案例描述 ----------------------------------

2018 年 7 月，甲供电公司为全部职工发放洗衣液，每人 5 瓶，含税价格 232 元，费用列支项目为劳动保护费用，并全额抵扣了进项税。2018 年 10 月，税务稽查人员认为向全部职工发放洗衣液属于发放福利行为，且发放洗衣液行为与工作岗位的劳动保护没有直接关系，进项税额不应抵扣。

案例分析 ----------------------------------

根据《用人单位劳动防护用品管理规范》（安监总厅安健〔2018〕3 号）和《关于规范社会保险缴费基数有关问题的通知》（劳社险中心函〔2006〕60 号）等文件规定，劳动保护支出的范围包括工作服、手套等劳保用品，解毒剂等安全保护用品，清凉饮料等防暑降温用品，以及按照原劳动部等部门规定的范围对接触有毒物资、矽尘作用、放射线作用和潜水、沉箱作业、高温作业等工种所享受的由劳动保护费开支的保健食品待遇。案例中，为全部职工发放洗衣液与工作岗位的劳动保护没有直接关系，超出劳动保护支出范围，属于福利性支出，其进项税不得抵扣。

启示与建议 ----------------------------------

各级单位应加强劳保用品领用存管理，正确区分劳动保护费支出与福利费支出，根据工作性质、岗位、季节等，明确劳保用品发放标准、范围，规范劳动保护费使用。

第二章 企业所得税

第一节 基本知识

一、概念

企业所得税是以企业取得的生产经营所得和其他所得为征税对象所征收的一种税，是规范和处理国家与企业分配关系的重要形式。其纳税义务人是指在中华人民共和国境内的企业和其他取得收入的组织，包括居民企业和非居民企业。

二、计税依据

企业所得税的计税依据是应纳税所得额，包括企业的生产经营所得、其他所得和清算所得。

三、税率

企业所得税的基本税率为25%的比例税率。供电企业执行25%的基本税率。

四、征收管理

企业所得税按年征收，分月或者分季预缴，年终汇算清缴，多退少补。纳税年度自公历1月1日起至12月31日止。自年度终了之日起5个月内，向主管税务部门报送年度企业所得税纳税申报表，并汇算清缴，结清应缴应退税款。

第二节 管理模式

一、省公司和分公司

月度申报：分公司性质的供电公司、中心机构不进行所得税申报，只将收入、成本归集到省公司，由省公司按月度根据当期实现利润情况及主要纳税调整因素的影响编报申报表，年终汇算清缴。

汇算清缴：年度企业所得税申报期内，省公司汇总分公司性质的供电公司、中心机构年度企业所得税申报表，结合纳税调整因素编制母公司汇总申报表，完成企业所得税汇算清缴申报工作。

二、子公司性质的公司

属地独立申报缴纳企业所得税，采取按季度预缴、年终汇算清缴的模式。

第三节　常规业务及账务处理

应纳税所得额是企业所得税的计税依据。应纳税所得额为企业每一个纳税年度的收入总额，减除不征税收入、免税收入、各项扣除以及允许弥补的以前年度亏损后的余额。基本公式为：

$$应纳税所得额=收入总额-不征税收入-免税收入-各项扣除-$$
$$允许弥补的以前年度亏损$$

一、收入确认

（一）一般收入的确认

收入是指企业在日常活动中形成的、会导致所有者权益增加的、与所有者投入资本无关的经济利益的总流入。企业以货币形式和非货币形式从各种来源取得的收入，为收入总额。具体包括销售货物收入，提供劳务收入，转让财产收入，股息、红利等权益性投资收益，利息收入，租金收入，特许权使用费收入，接收捐赠收入，其他收入。根据国网安徽省电力有限公司经营范围和业务特点，将收入划分为主营业务收入、其他业务收入、营业外收入。

1. 主营业务收入

主营业务收入主要包括电费收入、输电收入、高可靠性供电收入、自备电厂备用容量费收入、农网还贷资金返还收入、农村电网维护费收入、受托运行维护收入等，上述收入均应纳入应纳税所得额缴纳企业所得税。

2. 其他业务收入

其他业务收入主要包括租赁收入、材料销售收入、供电服务费、手续费收入、技术服务收入等，上述收入均应纳入应纳税所得额缴纳企业所得税。

3. 营业外收入

营业外收入主要包括非流动资产处置利得、盘盈利得、违约金收入、滞纳金收入、政府补助、确实无法支付的应付款项等，上述收入均应纳入应纳税所得额缴纳企业所得税。

（二）处置资产收入确认

根据国家税务总局《关于企业处置资产所得税处理问题的通知》（国税函〔2008〕828号）规定，企业发生的下列处置资产行为：将资产用于生产、制造、加工另一产品；改变资产形状、结构或性能；改变资产用途（如自建商品房转为自用或经营）；将资产在总机构及其分支机构之间转移；上述两种或两种以上情形的混合；其他不改变资产所有权属的用途，除将资产转移至境外以外，由于资产所有权属在形式和实质上均不发生改变，可作为内部处置资产，不视同销售确认收入，相关资产的计税基础延续计算。

企业将资产移送他人用于市场推广或销售、用于交际应酬、用于职工奖励或福利、用于股息分配、用于对外捐赠、其他改变资产所有权属的用途，因资产所有权属已发生改变而不属于内部处置资产，应按规定视同销售确定收入。属于企业自制的资产，应按企业同类资产同期对外销售价格确定销售收入；属于外购的资产，可按购入时的价格确定销售收入。

（三）不征税收入和免税收入

1. 不征税收入

（1）政府性基金收入。

根据企业所得税法及其实施条例、《关于公布2012年全国政府性基金项目目录的通知》等文件的规定，随电费收取的基金及附加，包括国家重大水利工程建设基金、农网还贷资金、大中型水库移民后期扶持基金、地方水库移民后期扶持基金、可再生能源附加、差别电价收入，在收入总额中属于不征税收入。

（2）专项用途财政性资金收入。

企业从县级以上各级人民政府财政部门及其他部门取得的应计入收入总额的财政性资金，凡同时符合以下条件的，可以作为不征税收入，在计算应纳税所得额时从收入总额中减除：

a. 企业能够提供规定资金专项用途的资金拨付文件；

b. 财政部门或其他拨付资金的政府部门对该资金有专门的资金管理办法或具体管理要求；

c. 企业对该资金以及以该资金发生的支出单独进行核算。

企业将财政性资金做不征税收入处理后，在5年（60个月）内未发生支出且未缴回财政部门或其他拨付资金的政府部门的部分，应计入取得该资金第六年的应税收入总额；计入应税收入总额的财政性资金发生的支出，允许在计算应纳税所得额时扣除。

上述不征税收入用于支出所形成的费用，不得在计算应纳税所得额时扣除；

用于支出所形成的资产，其计算的折旧、摊销不得在计算应纳税所得额时扣除。

2. 免税收入

（1）国债利息收入。

利息收入应纳入应纳税所得额缴纳企业所得税，但国债利息收入属于免税收入，这里所称国债利息收入是指企业持有国务院财政部门发行的国债取得的利息收入。

（2）投资收益。

符合条件的居民企业之间的股息、红利等权益性收益属于免税收入，具体是指居民企业直接投资于其他居民企业取得的投资收益。

二、扣除项目

（一）总体原则及扣除范围

企业申报的扣除项目和金额要真实、合法。所谓真实是指能提供证明有关支出确属已经实际发生；合法是指符合国家税法的规定，若其他法规规定与税收法规规定不一致，应以税收法规的规定为标准。除税收法规另有规定外，税前扣除一般应遵循权责发生制原则、配比原则、相关性原则、确定性原则、合理性原则。

根据《中华人民共和国企业所得税法》（以下简称《企业所得税法》）相关规定，企业实际发生的与取得收入有关的合理的支出，包括成本、费用、税金、损失和其他支出，准予在计算应纳税所得额时扣除。

按照国家电网公司及省公司会计核算办法规定，下列实际发生的与取得收入有关的、合理的支出，准予在计算应纳税所得额时扣除。具体包括购入电力费、输电费、委托运行维护费、折旧费、无形资产摊销、按照省公司工资计划的实际发放工资、低值易耗品摊销、财产保险费、研究开发费、办公费、差旅费、会议费、车辆使用费、劳动保护费、外部劳务费、物业管理费、水电费、招待费、广告宣传费、绿化费、业务费、电力设施保护费、中介费、租赁费、信息系统运维费、安全费、团体会费、地方政府收费、技术转让费、设备检测费、党建工作经费、清洁卫生费、环评费等输配电成本以及相关的财务费用、除企业所得税和增值税以外缴纳的各项税金、各项损失以及其他上述以外的与生产经营相关的、合理的支出。

（二）供电企业具体扣除项目及其标准

1. 运维检修支出

企业发生的真实、合理的运维检修支出准予扣除，具体包括自营材料费、外包材料费、外包检修费；满足《中华人民共和国企业所得税法实施条例》（以下简称《企业所得税法实施条例》）第六十九条规定的固定资产大修理条件（修理支出达到取得固定资产时的计税基础 50% 以上或修理后固定资产的使用年限延长 2 年以上）的运维检修支出在固定资产尚可使用年限分期扣除。

2. 工资、薪金支出

企业发生的合理的工资、薪金支出，准予扣除。前款所称工资、薪金，是指企业每一纳税年度支付给在本企业任职或者受雇的员工的所有现金形式或者非现金形式的劳动报酬，包括基本工资、奖金、津贴、补贴、年终加薪、加班工资，以及与员工任职或者受雇有关的其他支出。各所属单位按照省公司工资计划实际发放的工资允许扣除。

3. 社会保险费

（1）按照国务院有关主管部门或者省级人民政府规定的范围和标准为职工计提并实际支出的基本养老保险、基本医疗保险、失业保险、工伤保险、生育保险、住房公积金允许税前扣除。

（2）企业为投资者或者职工支付的补充养老保险费、补充医疗保险费，分别在不超过职工工资总额 5% 标准内的部分，准予扣除；超过的部分，不予扣除。

（3）除企业依照国家有关规定为特殊工种职工支付的人身安全保险费和国务院财政、税务主管部门规定可以扣除的其他商业保险费外，企业为投资者或者职工支付的商业保险费，不得扣除。根据《特种作业人员安全技术培训考核管理规定》（国家安全生产监督管理总局令第 80 号）附件规定，公司从事电气设备运行、维护、安装、检修、改造、施工、调试、试验、绝缘工器具试验及专门或经常在坠落高度基准面 2 米及以上有可能坠落的高处作业的人员属于特殊工种。

（4）自 2018 年 1 月 1 日起企业参加雇主责任险、公众责任险等责任保险，按照规定缴纳的保险费，准予在企业所得税税前扣除。

4. 职工福利费

根据《企业所得税法实施条例》第四十条规定，企业发生的职工福利费支出，不超过工资薪金总额 14% 的部分按实际发生数扣除，超过标准的按照标准扣除。

根据《国家税务总局关于企业工资薪金及职工福利费扣除问题的通知》（国税函〔2009〕3 号）的规定，企业职工福利费，包括如下内容：

（1）尚未实行分离办社会职能的企业，其内设福利部门所发生的设备、设施和人员费用，包括职工食堂、职工浴室、理发室、医务所、托儿所、疗养院等集体福利部门的设备、设施及维修保养费用和福利部门工作人员的工资薪金、社会保险费、住房公积金、劳务费等。

（2）为职工卫生保健、生活、住房、交通等所发放的各项补贴和非货币性福利，包括企业向职工发放的因公外地就医费用、未实行医疗统筹企业职工医疗费用、职工供养直系亲属医疗补贴、供暖费补贴、职工防暑降温费、职工困难补贴、救济费、职工食堂经费补贴、职工交通补贴等。

（3）按照其他规定发生的其他职工福利费，包括丧葬补助费、抚恤费、安家费、探亲假路费等。

5. 工会经费

企业拨缴的工会经费（需取得工会经费收入专用收据或者税收缴款凭证），不超过工资、薪金总额2%的部分，准予扣除。按照规定标准计提但未拨缴的工会经费不得扣除，待拨缴时再予以扣除。

6. 职工教育经费

自2018年1月1日起，企业发生的职工教育经费支出，不超过工资薪金总额8%的部分，准予在计算企业所得税应纳税所得额时扣除；超过部分，准予在以后纳税年度结转扣除。

7. 业务招待费

企业发生的与生产经营活动有关的业务招待费（含工程成本中列支）支出，按照发生额的60%扣除，但最高不得超过当年销售（营业）收入的5‰。

8. 广告费和业务宣传费

企业发生的符合条件的广告费和业务宣传费支出，除国务院财政、税务主管部门另有规定外，不超过当年销售（营业）收入15%的部分，准予扣除；超过部分，准予在以后纳税年度结转扣除。

9. 财产保险费

企业参加财产保险，按照规定缴纳的保险费，准予扣除。

10. 租赁费

以经营租赁方式租入固定资产发生的租赁费支出，按照租赁期限均匀扣除。

11. 劳动保护费

合理的劳动保护支出准予扣除。企业根据其工作性质和特点，由企业统一制作并要求员工工作时统一着装所发生的工作服饰费用，可以作为企业合理的支出给予税前扣除。

12. 公益性捐赠支出

（1）公益性捐赠，是指企业通过公益性社会团体或者县级以上人民政府及其部门，用于《中华人民共和国公益事业捐赠法》规定的公益事业的捐赠。

（2）从 2017 年 1 月 1 日起，企业当年发生及以前年度结转的公益性捐赠支出，准予在当年税前扣除的部分，不能超过企业当年年度利润总额的 12%。企业发生的公益性捐赠支出未在当年税前扣除的部分，准予向以后年度结转扣除，但结转年限自捐赠发生年度的次年起计算最长不得超过三年。企业在对公益性捐赠支出计算扣除时，应先扣除以前年度结转的捐赠支出，再扣除当年发生的捐赠支出。

（3）自 2019 年 1 月 1 日至 2022 年 12 月 31 日，企业通过公益性社会组织或者县级（含县级）以上人民政府及其组成部门和直属机构，用于目标脱贫地区的扶贫捐赠支出，准予在计算企业所得税应纳税所得额时据实扣除。企业同时发生扶贫捐赠支出和其他公益性捐赠支出，在计算公益性捐赠支出年度扣除限额时，符合上述条件的扶贫捐赠支出不计算在内。企业在 2015 年 1 月 1 日至 2018 年 12 月 31 日期间已发生的符合上述条件的扶贫捐赠支出，尚未在计算企业所得税应纳税所得额时扣除的部分，可执行上述企业所得税政策。

13. 手续费及佣金支出

供电企业按与具有合法经营资格中介服务机构或个人（不含交易双方及其雇员、代理人和代表人等）所签订服务协议或合同确认的收入金额的 5%计算限额。

14. 利息费用

供电企业从银行、中电财等金融机构借款产生的非资本化利息支出以及省公司统贷统还的非资本化利息支出允许税前扣除。关联企业利息费用的扣除，其接受关联方债权性投资与其权益性投资的比例不得超过规定比例：金融企业为 5:1；其他企业为 2:1；超过部分不得扣除。

15. 有关资产的费用

（1）企业按规定计算的固定资产折旧费、无形资产和递延资产的摊销费，准予扣除。企业转让各类固定资产发生的费用，允许扣除。资产折旧年限表见表 2-1。

（2）无形资产的摊销年限不得低于 10 年，作为投资或者受让的无形资产，有关法律规定或者合同约定的使用年限的，可以按照规定或者约定的使用年限分期摊销。

（3）软件符合无形资产确认条件的，其摊销年限可以适当缩短，最短为 2 年。

（4）土地使用权在符合第（2）条规定的基础上，按照土地证上注明的土地使用年限进行摊销。

表2-1   资产折旧年限表

序号	资 产 类 别	最低折旧年限
1	房屋、建筑物	20年
2	飞机、火车、轮船、机器、机械和其他生产设备	10年
3	与生产经营活动有关的器具、工具、家具等	5年
4	飞机、火车、轮船以外的运输工具	4年
5	电子设备	3年

16. 资产损失

（1）准予在企业所得税税前扣除的资产损失，是指企业在实际处置、转让资产过程中发生的合理损失（以下简称"实际资产损失"），以及企业虽未实际处置、转让资产，但符合本办法规定条件计算确认的损失（以下简称"法定资产损失"）。企业实际资产损失，应当在其实际发生且会计上已做损失处理的年度申报扣除；法定资产损失，应当在企业向主管税务部门提供证据资料证明该项资产已符合法定资产损失确认条件，且会计上已做损失处理的年度申报扣除。

（2）企业向税务部门申报扣除资产损失，仅需填报企业所得税年度纳税申报表《资产损失税前扣除及纳税调整明细表》，不再报送资产损失相关资料。相关资料由企业留存备查。

（3）企业以前年度发生的资产损失未能在当年税前扣除的，可以按照规定，向税务部门说明并进行专项申报扣除。其中，属于实际资产损失，准予追补至该项损失发生年度扣除，其追补确认期限一般不得超过五年。属于法定资产损失，应在申报年度扣除。

（4）企业因以前年度实际资产损失未在税前扣除而多缴的企业所得税税款，可在追补确认年度企业所得税应纳税款中予以抵扣，不足抵扣的，向以后年度递延抵扣。

（5）企业实际资产损失发生年度扣除追补确认的损失后出现亏损的，应先调整资产损失发生年度的亏损额，再按弥补亏损的原则计算以后年度多缴的企业所得税税款，并按前款办法进行税务处理。

三、不得扣除的项目

（1）企业所得税和增值税。

（2）税收滞纳金，是指纳税人违反税收法规，被税务部门处以的滞纳金。

（3）罚金、罚款和被没收财物的损失，是指纳税人违反国家有关法律、法规规定，被有关部门以及司法机关处以的罚金和没收财物。实物中的罚款、罚金包括税务部门、物价部门、公安部门、安监部门、环保部门、卫生部门、劳动部门等行政处罚的罚款、罚金。

（4）未经核定的准备金支出。

（5）与取得收入无关的其他支出。

（6）房屋、建筑物以外未投入使用（闲置）的固定资产折旧不得扣除。

四、账务处理

1. 省公司及子公司性质的单位按月度或季度预缴企业所得税、按年度汇算清缴企业所得税

（1）计提。

借：所得税费用—当期所得税费用

　　贷：应交税费—应交企业所得税

（2）缴纳。

借：应交税费—应交企业所得税

　　贷：银行存款

2. 省公司及子公司性质的单位确认递延所得税资产或负债

借：递延所得税资产—资产减值等（所得税费用—递延所得税费用）

　　贷：所得税费用—递延所得税费用（递延所得税负债）

3. 省公司及子公司性质的单位递延所得税资产或负债以后年度转回

借：所得税费用—递延所得税费用（递延所得税负债）

　　贷：递延所得税资产—资产减值等（所得税费用—递延所得税费用）

第四节　电网相关税收优惠及特殊规定

税收优惠，是指国家对某一部分特定企业和课税对象给予减轻或免除税收负担的一种措施。税法规定的企业所得税的税收优惠方式包括免税、减税、加计扣除、加速折旧、减计收入、税额抵免等。

一、免征与减征优惠

1. 从事国家重点扶持的公共基础设施项目投资经营的所得

国务院投资主管部门核准的 330 千伏及以上跨省及长度超过 200 千米的交流

输变电新建项目，500千伏及以上直流输变电新建项目；省级以上政府投资主管部门核准的革命老区［根据安徽省人民政府的文件规定，安徽省大别山区所辖金寨县、霍山县、舒城县、潜山县❶、太湖县、岳西县、宿松县、金安区、裕安区、叶集改革发展实验区等十县（区）定性为革命老区］、老少边穷地区电网新建工程项目；农网输变电新建项目（主要包括公司列基建工程支出的项目，含农网改造升级工程）享受"三免三减半"企业所得税优惠政策。

2. 无偿接收用户移交资产

电网企业接收的用户资产应缴纳的企业所得税不征收入库，直接转增国家资本金。有关电网企业对接收的用户资产，可按接收价值计提折旧，并在企业所得税税前扣除。用户资产，是指由用户出资建设的、专门用于电力接入服务的专用网架及其附属设备、设施等供电配套资产，包括：由用户出资建设的城市电缆下地等工程形成的资产；由用户出资建设的小区配电设施形成的资产；用户为满足自身用电需要，出资建设的专用输变电、配电及计量资产等。所称用户，包括政府、机关、军队、企业事业单位、社会团体、居民等电力用户。

二、加计扣除优惠

1. 一般企业研发费用

企业开展研发活动中实际发生的研发费用，未形成无形资产计入当期损益的，在按规定据实扣除的基础上，在2018年1月1日至2020年12月31日期间，再按照实际发生额的75%在税前加计扣除；形成无形资产的，在上述期间按照无形资产成本的175%在税前摊销。研发活动及研发费用归集范围、会计核算等参照《财政部　国家税务总局　科技部关于完善研究开发费用税前加计扣除政策的通知》（财税〔2015〕119号）的具体规定。

2. 安置残疾人员就业工资加计扣除

企业安置残疾人员所支付的工资的加计扣除，是指企业安置残疾人员的，在按照支付给残疾职工工资据实扣除的基础上，按照支付给残疾职工工资的100%加计扣除。残疾人员的范围适用《中华人民共和国残疾人保障法》的有关规定。

三、加速折旧优惠

（1）企业购置的技术更新换代比较快的设备，可以缩短折旧年限或采取加速折旧的方法计算折旧，在企业所得税税前扣除。

---

❶ 2018年8月28日，潜山撤县设市。

（2）企业购置的固定资产常年是在强振动、高腐蚀状态下工作的，可以缩短折旧年限或采取加速折旧的方法计算折旧，在企业所得税税前扣除。

（3）企业购置的软件，作为固定资产或无形资产核算的，可以按两年计算的折旧或摊销额，在企业所得税税前扣除。

（4）企业在 2018 年 1 月 1 日至 2020 年 12 月 31 日期间新购进的设备、器具（除房屋、建筑物以外的固定资产），单位价值不超过 500 万元的，允许一次性计入当期成本费用在计算应纳税所得额时扣除，不再分年度计算折旧；单位价值超过 500 万元的，仍按《企业所得税法实施条例》《财政部　国家税务总局关于完善固定资产加速折旧企业所得税政策的通知》（财税〔2014〕75 号）、《财政部　国家税务总局关于进一步完善固定资产加速折旧企业所得税政策的通知》（财税〔2015〕106 号）等相关规定执行。

（5）采取缩短折旧年限方法的，最低折旧年限不得低于规定折旧年限的 60%；采取加速折旧方法的，可以采取双倍余额递减法或者年数总和法。

四、税额抵免优惠

（1）供电企业购置并实际使用规定的环境保护、节能节水、安全生产等专用设备的，该专用设备的投资额的 10% 可以从企业当年的应纳税额中抵免；当年不足抵免的，可以在以后 5 个纳税年度结转抵免。

（2）营改增后，因增值税进项税额允许抵扣，其专用设备投资额不再包括增值税进项税额。取得普通发票的，其专用设备投资额为普通发票上注明的金额。

（3）电网企业涉及的节能专用设备包括：①　三相配电变压器；② 电力变压器。具体标准参照《节能节水专用设备企业所得税优惠目录》2017 版规定。

（4）电网企业涉及的安全生产专用设备包括：① SF_6 泄漏报警装置；② 测温式电气火灾监控探测器；③ 电力线路杆塔作业防坠落装置；④ 绝缘检修作业平台；⑤ 带电作业车；⑥ 超声波局放检测仪。具体标准参照《安全生产专用设备企业所得税优惠目录》2018 版规定。

案例 1：已核销债权后续收回企业所得税问题

案例描述

某供电公司 2017 年收回已核销应收电费 100 万元，企业收到该笔款项时记入"其他应付款"。税务部门在检查时认为该笔款项系企业售电收入需要申报企业所得税。

案例分析

该公司当年收到的100万元是以前年度未收回的电费债权，是否纳税的关键在于以前年度坏账损失是否在所得税前扣除。如果本期收回的100万元在该应收账实际发生坏账的当年已做会计核销，同时在所得税前扣除的，应调增当年的应纳税所得额；如果本期收回的100万元在该应收账实际发生坏账的当年未做会计核销或者已做会计核销但未在所得税前扣除的，则不应调增当年所得额。

启示与建议

各单位应建立企业所得税申报台账，详细登记特殊纳税事项。对于已核销债权后续收回的，应追溯以前纳税调整情况。

案例2：三年以上未付往来款涉及企业所得税问题

案例描述

某供电公司在2017年的所得税清算中发现有一笔50万元的应付款项账龄已逾三年，会计人员不知如何处理，经咨询税务部门，要求并入企业收入总额征收企业所得税。

案例分析

企业应付款项长期挂账，原因不同，方式多样，有收入挂账形成的，有债权人不积极主张债权形成的，有因质量瑕疵问题而扣留质保金形成的，有应交未交的历史遗留款项形成的。根据企业所得税法及其实施细则的规定，对于企业因债权人缘故确实无法支付的应付款项，应作为其他收入，并入企业收入总额征收企业所得税。

启示与建议

各单位应定期清理债权债务，至少每年清理一次，对于确实无法支付的款项应及时转入当期收入，并进行年度企业所得税纳税申报。

案例3：企业所得税暂时性差异举例

案例描述

某供电企业 2015 年 12 月购置办公桌椅共计 60 万元，根据公司固定资产及低值易耗品管理制度规定，作为低值易耗品进行管理，并在当年所得税前一次性列支扣除。当地税务部门认定购置办公桌椅为资本性支出，按照规定按 5 年计提折旧，不得直接扣除。因此，在 2016 年 3 月对 2015 年企业所得税汇算清缴时，供电企业税务管理人员将购置办公桌椅 60 万元成本全额纳税调减，形成可抵扣暂时性差异，应确认递延所得税资产，未设置专门的备查账簿。

2017 年在对 2016 年企业所得税汇算清缴时，会计人员未对 2015 年形成的递延所得税资产进行转回处理。

案例分析

对 2015 年形成的可抵扣暂时性差异，会计人员应该在 2016 年末进行转回处理，因企业未设置完善的备查台账，会计人员容易遗忘上年交易事项，造成 2016 年企业所得税多缴。由此可以推出 2017 年至 2020 年，该企业不会考虑 2015 年形成的可抵扣暂时性差异，忽视该项差异共计造成多缴纳税款 $60×（1-5\%）×0.25＝14.25$（万元）。

启示与建议

各单位应建立企业所得税申报备查台账，详细登记时间性差异。同时应做好税务专职岗位调整时相关资料交接，确保不交"过头税"。

案例4：收取的代维费企业所得税问题

案例描述

某县供电公司 2017 年取得政府某条线路代维费 10 万元，记入"其他应付款"科目，截至 2018 年 5 月 31 日企业所得税汇算清缴前未做调整。

案例分析

根据《中华人民共和国企业所得税暂行条例实施细则》第六～八条规定，代维费应确认为企业的收入。当年应将代维费结转至"其他业务收入"科目，同时发生的相关维护成本结转至"其他业务成本"科目，对不能结转收入的应做纳税调整。

启示与建议

各单位应对往来进行及时清理，符合收入确认原则的，应当及时确认收入并及时结转相应成本。

案例 5：跨期费用列支所得税问题

案例描述

某供电公司 2017 年补提 2016 年度城建税、土地使用税等 80 万元，税务部门在检查时不予认可，要求调增企业所得税应纳税所得额。

案例分析

根据《中华人民共和国企业所得税法实施条例》第九条的规定，企业应纳税所得额的计算，以权责发生制为原则，属于当期的收入和费用，不论款项是否收付，均作为当期的收入和费用；不属于当期的收入和费用，即使款项已经在当期收付，均不作为当期的收入和费用。因此属于 2016 年的费用，不能在 2017 年所得税前列支。如果在 2017 年 5 月 31 日前发现的，可以采取补救措施，通过"以前年度损益调整"科目进行调整。

启示与建议

财务人员应及时计提相关税金，提醒业务人员及时报销相关费用，如发现以前年度费用少进、漏进，会计上应作为期初数调整处理，税务上则要根据税法规定进行专项申报和说明，切不可想当然地处理。

案例 6：离退休统筹外支出税前列支问题

案例描述

某供电公司 2017 年在生产成本中列支离退休慰问费 12 万元，税务部门在检查时认为该笔支出系与企业生产经营无关的支出，不予在税前列支，应当调整 2017 年应纳税所得额。

案例分析

《企业所得税法》第八条所称其他支出，是指除成本、费用、税金、损失外，企业在生产经营活动中发生的与生产经营活动有关的、合理的支出。但离退休慰问属于与企业取得收入无关的其他支出，因此不得税前列支，应调增当年应纳税所得 12 万元。

启示与建议

各单位应加强税收知识培训，财务人员应对与生产经营无关的支出加以区分。

案例 7：坏账准备所得税税前扣除问题

案例描述

某供电公司 2017 年 11 月末收到了人民法院对某破产企业的破产、清算报告，根据该报告无法收回对该企业的全部 100 万元应收电费债权。因此，该供电公司根据人民法院对该破产企业的破产、清算报告采取个别认定法对应收电费 100 万元全额计提坏账准备，2017 年 12 月对该笔债权做坏账核销处理。2018 年 6 月该破产企业被人民法院发现隐匿财产，该供电公司可以从该隐匿财产中收回 100 万元应收电费。人民法院于 2018 年 7 月 15 日强制划转 100 万元至该供电公司电费账户。

案例分析

根据《国家税务总局关于发布〈企业资产损失所得税税前扣除管理办法〉的公告》（国家税务总局公告 2011 年第 25 号）第二十二条规定：企业应收及预付款项坏账损失应依据以下相关证据材料确认：（一）相关事项合同、协议或说明；

（二）属于债务人破产清算的，应有人民法院的破产、清算公告……同时根据《国家税务总局关于企业所得税资产损失资料留存备查有关事项的公告》（国家税务总局公告 2018 年第 15 号）的规定，自 2017 年起，企业向税务部门申报扣除资产损失，仅需填报企业所得税年度纳税申报表《资产损失税前扣除及纳税调整明细表》，不再报送资产损失相关资料。相关资料由企业留存备查。因此该供电公司取得了法院的破产、清算报告，且有证据证明无法收回债权，实际损失已发生，所以可以全额计提坏账并在 2017 年所得税税前扣除。

该供电公司收到法院划转的 100 万元应收电费时，应做转回处理，借记"应收账款"，贷记"坏账准备"，并在 2018 年的所得税年度申报时在申报表中体现。

启示与建议

近年来税收政策变化频繁，税务人员应及时掌握、更新财税知识，同时注重对账务处理的延续性。本例中，确实无法收回时要做坏账处理，收回时要做转回处理。

案例 8：职工疗休费用所得税的问题

案例描述

某供电公司 2017 年组织职工疗休，在"职工福利费"中发生疗休费用 50 万元。经上级单位检查发现，该单位实际上是实行每人每年 5000 元包干，员工各自拿发票报销。为了应付外部检查，统一以某旅行社开具的发票作为入账凭据。

案例分析

根据《国家税务总局关于企业工资薪金及职工福利费扣除问题的通知》（国税函〔2009〕3 号）中的规定，企业职工福利费具体包含三大项内容：第一，尚未实行分离办社会职能的企业，其内设福利部门所发生的设备、设施和人员费用。第二，为职工卫生保健、生活、住房、交通等所发放的各项补贴和非货币性福利，包括企业向职工发放的因公外地就医费用、未实行医疗统筹企业职工医疗费用、职工供养直系亲属医疗补贴、供暖费补贴、职工防暑降温费、职工困难补贴、救济费、职工食堂经费补贴、职工交通补贴等。第三，按照其他规定发生的其他职工福利费，包括丧葬补助费、抚恤费、安家费、探亲假路费等。

根据上面文件规定，结合《企业会计准则》第 9 号——职工薪酬规定的范围，疗养费用可以在"职工福利费"中列支。但该供电公司采取变相方式列支福利费，不能提供职工休假计划、疗休养合同，同时其取得的发票也跟实际业务不符，因此不属于福利费开支范畴，不得在福利费中列支。

启示与建议

各单位对发生的疗休养费用应如实提供职工休假计划、疗休养合同及发票。对于符合《国家税务总局关于企业工资薪金及职工福利费扣除问题的通知》规定范围发生的职工福利费支出在不超过工资薪金总额 14%部分，准予扣除。

案例 9：支付关联企业费用所得税的问题

案例描述

某供电公司 2016 年 12 月与某集体企业签订了房屋租赁合同，将闲置的一栋办公楼租给该集体企业作为办公场所。2017 年共收取集体企业租赁费 60 万元。2018 年 6 月，税务部门在检查时认为，该供电公司租赁的办公楼处于市区黄金地段，按照同地段租金价格计算，该办公楼 2017 年的租赁费用为 120 万元。税务部门认为此笔租赁费较当地租赁市场价格水平明显偏低，因此要求该供电公司按照市场公允价格计算，调增 2017 年应纳税所得额 60 万元。

案例分析

《企业所得税法》第四十一条规定，企业与其关联方之间的业务往来，不符合独立交易原则而减少企业或者其关联方应纳税收入或者所得额的，税务部门按照合理方法调整。《企业所得税法》第四十七条规定，企业实施其他不具有合理商业目的的安排而减少其应纳税收入或者所得额的，税务部门有权按照合理方法调整。本例中供电公司收取的租赁费用依据不充分，价格不公允，应调增企业应纳税所得额。

启示与建议

企业应加强资产管理，通过招投标、第三方出具的资产租赁评估报告等方式确保国有资本保值增值。同时，对于关联交易要及时与税务部门沟通，确保关联交易符合独立交易的原值。

案例 10：资产报废所得税处理问题

案例描述 ⋯⋯⋯⋯⋯⋯⋯⋯⋯⋯⋯⋯⋯⋯⋯⋯⋯⋯⋯⋯⋯⋯⋯⋯⋯⋯⋯

某供电公司 2017 年 9 月因受台风持续影响，某台区损失账面净值 260 万元，当年 11 月收到英大保险公司保险赔偿 85 万元，同时预计报废资产的残值收入 15 万元。但因省物资公司废旧物资招标批次的问题，当年未能对该报废的物资进行招标拍卖。2017 年末该企业自行申报，在所得税前共申报扣除 260−85＝175（万元）。

案例分析 ⋯⋯⋯⋯⋯⋯⋯⋯⋯⋯⋯⋯⋯⋯⋯⋯⋯⋯⋯⋯⋯⋯⋯⋯⋯⋯⋯⋯

根据《财政部　国家税务总局关于企业资产损失税前扣除政策的通知》（财税〔2009〕57 号）、《国家税务总局关于企业所得税资产损失资料留存备查有关事项的公告》（国家税务总局公告 2018 年第 15 号）规定，企业向税务部门申报扣除资产损失，仅需填报企业所得税年度纳税申报表《资产损失税前扣除及纳税调整明细表》，不再报送资产损失相关资料。相关资料由企业留存备查。固定资产报废、毁损损失，其账面净值扣除残值、保险赔偿和责任人赔偿后的余额部分认定损失。因此该公司应该充分考虑到残值收入，尽可能地在当年进行相关的物资拍卖处理。如未考虑，税务部门有权调整并计入损失发生当年的应纳税所得额。

启示与建议 ⋯⋯⋯⋯⋯⋯⋯⋯⋯⋯⋯⋯⋯⋯⋯⋯⋯⋯⋯⋯⋯⋯⋯⋯⋯⋯⋯

企业应按单项资产确定资产损失，发生的实际资产损失，应当在损失发生当年扣除，不得提前和滞后。对于实在不能按照单项资产核算的，也应充分考虑收入成本配比原值。各资产应当在拍卖后即残值收入确认后，再确认最终的资产损失，计入"营业外支出"。

案例 11：取得不同凭证所得税税前扣除问题

案例描述

在对某供电公司 2019 年总经理任期审计中发现 2018 年 12 月存在如下与发票有关的经济业务：1. 内部职工食堂从农民手中购买 100 斤鸡蛋，金额 1000 元，采用两名经办人签收的入库单入账；2. 被银行等金融机构扣取的网银手续费、上划手续费及代扣手续费等合计 2600 元，以银行扣款回单入账；3. 向工会划拨工会经费 10 万元，以工会开具的自制收据入账；4. 从某电脑耗材用品店购置零星耗材用品 4 万元，收到 4 张增值税普通发票，在税务发票系统中无法查询到；5. 当年采购物资已用于工程施工，并在成本中列支相关支出，截至当年 12 月 31 日尚未取得对方开具的增值税发票，税务部门在 2019 年 6 月 15 日检查时发现该笔交易缺少相应的发票，要求该企业取得相应的发票，该企业于 2019 年 8 月 15 日取得对方开具的发票；6. 租用集体企业办公楼，集体企业以分摊方式向该公司收取共同使用的网络费用 3 万元，以网络运营商开具给对方单位的发票复印件和交纳的网络费用分割单形式入账。

案例分析

根据《国家税务总局关于发布〈企业所得税税前扣除凭证管理办法〉的公告》（以下简称《公告》）（国家税务总局公告 2018 年第 28 号）的规定，税前扣除凭证在管理中遵循真实性、合法性、关联性原则。真实性是指税前扣除凭证反映的经济业务真实，且支出已经实际发生；合法性是指税前扣除凭证的形式、来源符合国家法律、法规等相关规定；关联性是指税前扣除凭证与其反映的支出相关联且有证明力，税前扣除凭证按照来源分为内部凭证和外部凭证。

业务 1，根据《公告》规定，对方为依法无须办理税务登记的单位或者从事小额零星经营业务的个人，其支出以税务部门代开的发票或者收款凭证及内部凭证作为税前扣除凭证，收款凭证应载明收款单位名称、个人姓名及身份证号、支出项目、收款金额等相关信息。因此业务 1 只要该公司做到符合上述规定，其内部凭证是可以税前列支的。

业务 2，根据《公告》规定，企业在境内发生的支出项目属于增值税应税项目的，对方为已办理税务登记的增值税纳税人，其支出以发票（包括按照规定由税务部门代开的发票）作为税前扣除凭证。因此业务 2 取得银行回单不能在税前列支，应凭发票进行税前扣除。

业务3，根据《国家税务总局关于工会经费企业所得税税前扣除凭证问题的公告》（国家税务总局公告2010年第24号）规定，自2010年7月1日起，企业缴拨的工会经费，凭工会组织开具的《工会经费收入专用收据》税前扣除。未取得的不得税前列支。

业务4，涉嫌伪造发票，根据《公告》第十二条规定企业取得私自印制、伪造、变造、作废、开票方非法取得、虚开、填写不规范等不符合规定的发票，以及取得不符合国家法律、法规等相关规定的其他外部凭证，不得作为税前扣除凭证。

业务5，根据《公告》规定，企业应当在汇算清缴前取得相应真实、合理的支付凭证入账；根据《公告》规定汇算清缴期结束后，税务部门发现企业应当取得而未取得发票、其他外部凭证或者取得不合规发票、不合规其他外部凭证并且告知企业的，企业应当自被告知之日起60日内补开、换开符合规定的发票、其他外部凭证。企业在规定的期限未能补开、换开符合规定的发票、其他外部凭证，相应支出不得在发生年度税前扣除。因此只需要在2019年8月15日前取得规定的发票入账，2018年的物资采购成本就可以在2018年列支。

业务6，根据《公告》规定企业租用（包括企业作为单一承租方租用）办公、生产用房等资产发生的水、电、燃气、冷气、暖气、通讯线路、有线电视、网络等费用，出租方作为应税项目开具发票的，企业以发票作为税前扣除凭证；出租方采取分摊方式的，企业以出租方开具的其他外部凭证作为税前扣除凭证。因此，该公司收到的分割单，可以税前列支。

启示与建议

税前扣除凭证分为内部凭证和外部凭证，税务人员应区分哪些业务可以使用自制凭证入账，哪些业务必须取得发票入账。只有当税前扣除凭证的形式、来源符合法律、法规等相关规定，并与支出相关联且有证明力时，才能作为企业支出在税前扣除的证明资料。

案例12：无偿接收用户移交资产所得税问题

案例描述

2017年某供电企业与某住宅小区业主委员会签订合同，住宅小区将自己投资建设的专用线路、变电设备、配电设备、进表线、电缆以及小区配套电力设置等资产无偿移交给供电企业，由供电企业负责维护管理。供电企业受让用户电力设施后，根据资产移交合同、资产评估报告等资料，按照移交资产净值或评估值，确认用户电力设施入账价值300万元，增加"资本公积"。供电企业建立财务资产卡片和设备台账，资产发生的维护费用在生产成本中列支。税务部门在检查时认为无偿接受用户资产即为接受捐赠，按照新的《企业所得税法》第六条规定，接受捐赠收入应并入收入总额。按照实际收到捐赠资产的日期确认收入的实现，缴纳企业所得税。

案例分析

根据《财政部　国家税务总局关于电网企业接受用户资产有关企业所得税政策问题的通知》（财税〔2011〕35号）规定：第一，对国家电网公司和中国南方电网有限责任公司及所属全资、控股企业接收用户资产应缴纳的企业所得税不征收入库，直接转增国家资本金。第二，有关电网企业对接收的用户资产，可按接收价值计提折旧，并在企业所得税税前扣除。第三，本通知所称用户资产，是指由用户出资建设的、专门用于电力接入服务的专用网架及其附属设备、设施等供电配套资产，包括：由用户出资建设的城市电缆下地等工程形成的资产；由用户出资建设的小区配电设施形成的资产；用户为满足自身用电需要，出资建设的专用输变电、配电及计量资产等。所称用户，包括政府、机关、军队、企业事业单位、社会团体、居民等电力用户。因此本例不应缴纳企业所得税。

启示与建议

各单位要对接受用户资产的各项资料进行归档保管，税务人员要对政策文件加强学习，同时与税务部门做好沟通。

案例13：安全生产专用设备企业所得税税收优惠问题

案例描述

针对安全生产专用设备在企业所得税中的优惠政策，某省电力公司组织政策研究和统计申报。经统计，2018年该省公司及其下属单位部分带电作业车共计100台，价款100万元，增值税16万元，且已抵扣，该公司在2019年汇算清缴时，按价税合计116万元的10%抵免当年企业所得税应纳税额。

案例分析 --

　　根据《财政部　国家税务总局　应急管理部关于印发〈安全生产专用设备企业所得税优惠目录（2018 年版）〉的通知》（财税〔2018〕84 号）的规定：对企业购置并实际使用安全生产专用设备享受企业所得税抵免优惠政策的，统一按《安全生产专用设备企业所得税优惠目录（2018 年版）》执行。企业购置安全生产专用设备，自行判断其是否符合税收优惠政策规定条件，自行申报享受税收优惠，相关资料留存备查，税务部门依法加强后续管理。符合优惠政策规定的，可以按专用设备投资额的 10%抵免当年企业所得税应纳税额；如增值税进项税额允许，其专用设备投资额不再包括增值税进项税额。

　　本例中，因进项税 16 万元已经抵扣，所以应当按照 100 万元的 10%，即 10 万元抵免当年企业所得税应纳税额。

启示与建议 --

　　各单位应做好安全、环保、节能设备所得税优惠的申报工作，对于相关的资料要注意保存。

案例 14：电网新建资产所得税"三免三减半"问题

案例描述 --

　　某省电力公司甲供电公司 2015 年 1 月，新建 350 千伏、600 千米跨省的交流输变电项目和 550 千伏直流输变电新建项目，该项目于 2015 年 7 月 1 日投入运营，并取得第一笔生产经营收入。当年该项目运营共取得营业收入 10 000 万元，营业成本 5800 万元；甲公司 2016 年共实现营业收入 28 000 万元，全部营业成本 12 000 万元；另外，该公司还实际发生税法允许扣除的期间费用 800 万元。已知甲公司期初总输变电资产原值 30 亿元，新建项目输变电资产原值 10 亿元，企业所得税税率为 25%，不考虑其他税费和纳税调整因素，那么甲公司 2016 年应该如何申报缴纳企业所得税？

案例分析 --

　　依照《国家税务总局关于电网企业电网新建项目享受所得税优惠政策问题的公告》（国家税务总局公告 2013 年第 26 号）精神，自 2013 年 1 月 1 日起，电网企业电网新建项目暂以资产比例法，即以企业新增输变电固定资产原值占企业总输变电固定资产原值的比例，合理计算电网新建项目的应纳税所得额，并据此享受"三免三减半"的企业所得税优惠政策。

根据国家税务总局 2013 年第 26 号公告规定，对于电网企业能独立核算收入的，投资 330 千伏以上跨省及长度超过 200 千米的交流输变电新建项目和 500 千伏以上直流输变电新建项目，应在项目投运后，按该项目营业收入、营业成本等单独计算其应纳税所得额；该项目应分摊的期间费用，可按照企业期间费用与分摊比例计算确定，计算公式为：应分摊的期间费用＝企业期间费用×分摊比例。

第一年分摊比例＝该项目输变电资产原值÷[（当年企业期初总输变电资产原值＋当年企业期末总输变电资产原值）÷2]×（当年取得第一笔生产经营收入至当年底的月份数÷12）；第二年及以后年度分摊比例＝该项目输变电资产原值÷[（当年企业期初总输变电资产原值＋当年企业期末总输变电资产原值）÷2]。

因此，甲公司 2015 年所得税计算过程如下：

该项目 2015 年期间费用分摊比例＝10÷[（10＋30）÷2]×（6÷12）＝25%

该项目 2015 年应分摊的期间费用＝25%×800＝200（万元）

该项目 2015 年免征应纳税所得额＝10 000－5800－200＝4000（万元）

该项目 2015 年免征企业所得税＝4000×25%＝1000（万元）

应税项目应纳税所得额＝28 000－12 000－（800－200）－4000＝11 400（万元）

该公司 2015 年应税所得税＝11 400×25%＝2850（万元）

假如：甲公司 2016 年和 2015 年财务收支数据信息相同，并且 2017 年没有电网新建项目，那么，甲公司 2016 年所得税计算过程如下：

该项目 2016 年期间费用分摊比例＝10÷[（10＋30）÷2]＝50%

该项目 2016 年应分摊的期间费用＝50%×800＝400（万元）

该项目 2016 年免征应纳税所得额＝10 000－5800－400＝3800（万元）

该项目 2016 年免征企业所得税＝3800×25%＝950（万元）

应税项目应纳税所得额＝28 000－12 000－（800－400）－3800＝11 800（万元）

该公司 2016 年应纳企业所得税为 11 800×25%＝2950（万元）

假如：甲公司 2018 年和 2015 年财务收支数据信息相同，并且 2016 年到 2018 年都没有电网新建项目，那么，甲公司 2018 年所得税计算过程如下：

该项目 2018 年期间费用分摊比例＝10÷[（10＋30）÷2]＝50%

该项目 2018 年应分摊的期间费用＝50%×800＝400（万元）

该项目 2018 年免征应纳税所得额＝（10 000－5800－400）×50%＝1900

（万元）

该项目 2018 年免征企业所得税＝1900×25%＝475（万元）

应税项目 2018 年应纳税所得额＝28 000－12 000－（800－400）－1900＝13 700（万元）

该公司 2018 年应纳企业所得税＝13 700×25%＝3425（万元）

最后，根据国家税务总局 2013 年第 26 号公告精神，居民企业符合条件的 2013 年 1 月 1 日前的电网新建项目，已经享受企业所得税优惠的不再调整；未享受企业所得税优惠的可依照本公告的规定享受剩余年限的企业所得税优惠政策。另外，按照规定享受有关企业所得税优惠的电网企业，应对其符合税法规定的电网新增输变电资产按年建立台账，相关资产的竣工决算报告和相关项目政府核准文件应留存备查，无须报税务备案。值得一提的是，该 26 号公告第（二）条对于企业符合优惠条件但不能独立核算收入的其他新建输变电项目的规定已经废止，具体参见《国家税务总局关于公布失效废止的税务部门规章和税收规范性文件目录的决定》（国家税务总局令第 42 号）。

启示与建议

各单位应加强工程项目管理，对于符合所得税优惠政策的项目，要注重资料的收集整理工作，及时进行项目竣工转资，同时做好所得税优惠申报工作。

第三章　其　他　税　种

本章所介绍的其他税种是指除了增值税、企业所得税以外的各种税种，省公司财务资产部为归口管理部门，公司所属各单位自行申报、缴纳。

第一节　城市维护建设税

一、基本知识

（一）概念

根据《中华人民共和国城市维护建设税暂行条例》（1985 年 2 月 8 日国务院颁布　根据 2011 年 1 月 8 日国务院令第 588 号修订），城市维护建设税（简称"城建税"）是为了加强城市的维护建设，扩大和稳定城市维护建设资金的来源而征收的税，凡缴纳增值税、消费税的单位和个人，除特定的免税政策规定外，都是城市维护建设税的纳税义务人。

（二）计税依据

城市维护建设税以纳税人实际缴纳的增值税、消费税税额为计税依据，分别与增值税、消费税同时缴纳。

（三）税率

城市维护建设税实行的是地区差别税率。纳税人所在地在市区的，税率为7%；纳税人所在地在县城、建制镇的，税率为 5%；纳税人所在地不在市区、县城、建制镇的，税率为 1%（注：2018 年 10 月 19 日，财政部、国家税务总局发布《中华人民共和国城市维护建设税法（征求意见稿）》，根据征求意见稿，城建税将取消 1% 的税率）。

（四）征收管理

城市维护建设税的纳税环节，实际就是纳税人缴纳"两税"（指增值税、消费税）的环节，纳税人只要发生"两税"的纳税环节，就要在同样的环节，分别计算缴纳城市维护建设税。纳税人缴纳"两税"的地点，就是该纳税人缴纳城市维护建设税的地点。纳税期限分别与"两税"一致。根据增值税法和消费税法规定，增值税、消费税的纳税期限分别为 1 日、3 日、5 日、10 日、15 日或者 1 个月。不能按照固定期限纳税的，可以按次纳税。

二、常规业务及账务处理

（一）常规业务

公司所属各单位按照属地原则，计算缴纳城市维护建设税。其中分公司性质的供电公司，一是按照预征的增值税作为计税基础计算税款并属地缴纳；二是按照销项税额减其他作为计税基础计算税款并属地缴纳。

（二）财务处理

1. 计提

（1）通过 ERP 系统执行相应命令自动生成的预征增值税计提的城建税，需要同时在财务管控系统，选择"税务管理"模块，点击"税费管理"下拉菜单，在"其他税种"中填制"城建税及教育附加计算单"，选择不生成凭证流程。

（2）根据"应交税费—应交增值税—销项税额—其他"的金额，按照适用税率，登录财务管控系统，选择"税务管理"模块，点击"税费管理"下拉菜单，在"其他税种"中填制"城建税及教育附加计算单"，选择生成凭证流程，传递生成凭证，账务处理如下：

借：税金及附加—主营业务税金及附加/XF05 城市建设维护税

　　贷：应交税费—应交城市维护建设税

2. 缴纳

借：应交税费—应交城市维护建设税

　　贷：银行存款

三、电网相关税收优惠及特殊规定

国家重大水利工程建设基金免征城市维护建设税。根据财政部、国家税务总局《关于免征国家重大水利工程建设基金的城市维护建设税和教育费附加的通知》（财税〔2010〕44 号），经国务院批准，为支持国家重大水利工程建设，对国家重大水利工程建设基金免征城市维护建设税和教育费附加，自文件印发之日2010 年 5 月 25 日起执行。

第二节　教育费附加（地方教育费附加）

一、基本知识

（一）概念

根据《征收教育费附加的暂行规定》，教育费附加及地方教育费附加，是为了加快发展地方教育事业，扩大地方教育经费的资金来源而征收的税费。

（二）计税依据

除特定的免税政策规定外，教育费附加（地方教育费附加）以各单位和个人实际缴纳的增值税、消费税的税额为计征依据。

（三）税率

教育费附加的费率为 3%，地方教育费附加的费率为 2%，分别与增值税、消费税同时缴纳。

（四）征收管理

教育费附加和地方教育费附加对缴纳增值税、消费税的单位和个人征收，以其实际缴纳的增值税、消费税为计征依据，分别与增值税、消费税同时缴纳。

二、常规业务及账务处理

（一）常规业务

公司所属各单位按照属地原则，计算缴纳教育费附加（地方教育费附加）。其中分公司性质的供电公司，一是按照预征的增值税作为计税基础计算并属地缴纳；二是按照销项税额减其他作为计税基础计算并属地缴纳。

（二）财务处理

1. 计提

（1）通过 ERP 系统执行相应命令自动生成的预征增值税计提的城建税，需要同时在财务管控系统，选择"税务管理"模块，点击"税费管理"下拉菜单，在"其他税种"中填制"城建税及教育附加计算单"，选择不生成凭证流程。

（2）根据"应交税费—应交增值税—销项税额—其他"的金额，按照适用税率，登录财务管控系统，选择"税务管理"模块，点击"税费管理"下拉菜单，在"其他税种"中填制"城建税及教育附加计算单"，选择生成凭证流程，传递生成凭证，账务处理如下：

借：税金及附加—主营业务税金及附加/XF06 教育费附加

税金及附加—主营业务税金及附加/XF07 地方教育费附加

贷：应交税费—应交教育费附加

　　　应交税费—应交地方教育费附加

2. 缴纳

借：应交税费—应交教育费附加

　　应交税费—应交地方教育费附加

贷：银行存款

三、电网相关税收优惠及特殊规定

国家重大水利工程建设基金免征教育费附加。根据《财政部　国家税务总局关于免征国家重大水利工程建设基金的城市维护建设税和教育费附加的通知》（财税〔2010〕44号）："经国务院批准，为支持国家重大水利工程建设，对国家重大水利工程建设基金免征城市维护建设税和教育费附加。"自文件印发之日2010年5月25日起执行。根据《安徽省财政厅　安徽省地方税务局　安徽省教育厅关于印发〈安徽省地方教育附加征收和使用管理暂行办法〉的通知》（财综〔2011〕349号）第八条的规定：地方教育附加的适用票证、征管业务费以及征收管理政策，按照教育费附加的有关规定执行。根据上述规定，国家重大水利工程建设基金免征地方教育附加。

第三节　印　花　税

一、基本知识

（一）概念

根据《中华人民共和国印花税暂行条例》（以下简称《暂行条例》）（国务院令1988年第11号），印花税是以经济活动中签立的各种合同、产权转移书据、营业账簿、权利许可证照等应税凭证文件为对象所征的税，在中华人民共和国境内书立、领受《暂行条例》所列举凭证的单位和个人，都是印花税的纳税义务人，应当按照规定缴纳印花税。2018年11月1日，财政部、国家税务总局发布《中华人民共和国印花税法（征求意见稿）》（以下简称《征求意见稿》），意见征求通过后，原法将废止。《征求意见稿》规定：订立、领受在中华人民共和国境内具有法律效力的应税凭证，或者在中华人民共和国境内进行证券交易的单位和个人，为印花税的纳税人。

（二）计税依据

根据应纳税凭证的性质，以合同金额为基数，分别按比例税率或者按件定额计算应纳税额。应纳税凭证主要有：

（1）购销合同、加工承揽合同、建设工程勘察设计合同、建筑安装工程承包合同、财产租赁合同、货物运输合同、仓储保管合同、借款合同、财产保险合同、技术合同或者具有合同性质的凭证。

（2）产权转移书据。

（3）营业账簿。

（4）权利、许可证照。

（5）经财政部确定征税的其他凭证。

（三）税率

印花税税目税率表见表3－1。

表3－1　　　　　　　　　　　印 花 税 税 目 税 率 表

税 目	范 围	税 率
购销合同	包括供应、预购、采购、购销结合及协作、调剂、补偿、易货等合同	按购销金额0.3‰贴花
加工承揽合同	包括加工、定做、修缮、修理、印刷、广告、测绘、测试等合同	按加工或承揽收入0.3‰贴花
建设工程勘察设计合同	包括勘察、设计合同	按收取费用0.3‰贴花
建筑安装工程承包合同	包括建筑、安装工程承包合同	按承包金额0.3‰贴花
财产租赁合同	包括租赁房屋、船舶、飞机、机动车辆、机械、器具、设备等合同	按租赁金额1‰贴花。税额不足1元的按1元贴花
货物运输合同	包括民用航空、铁路运输、海上运输、内河运输、公路运输和联运合同	按运输费用0.3‰贴花
仓储保管合同	包括仓储、保管合同	按仓储保管费用1‰贴花
借款合同	银行及其他金融组织和借款人（不包括银行同业拆借）所签订的借款合同	按借款金额0.05‰贴花
财产保险合同	包括财产、责任、保证、信用等保险合同	按投保金额1‰贴花
技术合同	包括技术开发、转让、咨询、服务等合同	按所载金额0.3‰贴花
产权转移书据	包括财产所有权和版权、商标专用权、专利权、专有技术使用权等转移书据，土地使用权出让合同、土地使用权转让合同、商品房销售合同	按所载金额0.5‰贴花

税　目	范　围	税　率
营业账簿	生产、经营用账册	自 2018 年 5 月 1 日起，记载资金的账簿，按实收资本和资本公积的合计金额依照 0.5‰减半征收印花税，对按件贴花 5 元的其他账簿免征印花税
权利、许可证照	包括政府部门发给的房屋产权证、工商营业执照、商标注册证、专利证、土地使用证	按件贴花 5 元

印花税根据不同征税项目，分别实行从价计征和从量计征两种征收方式。

（1）从价计征按凭证所载金额为计税依据。

（2）实行从量计税的权利、许可证照，以计税数量为计税依据。

与《暂行条例》相比，《征求意见稿》做出调整的税率包括：一是为简并税率、公平税负，减少因合同类型界定不清在适用税率上引发的争议，将《暂行条例》中原加工承揽合同、建设工程勘察设计合同、货物运输合同的适用税率由万分之五降为万分之三。二是考虑到国务院已决定自 2018 年 5 月起对资金账簿和其他账簿分别减征和免征印花税，为了与现行政策保持一致，将营业账簿适用税率由实收资本（股本）、资本公积合计金额的万分之五降为万分之二点五。

（四）征收管理

印花税在合同签订时、账簿启用时和证照领受时贴花。如果合同是在国外签订，并且不便在国外贴花的，应在将合同带入境时办理贴花纳税手续。印花税一般实行就地纳税。对于全国性商品物资订货会（包括展销会、交易会等）上所签订合同应纳的印花税，由纳税人回其所在地后及时办理贴花完税手续；对地方主办、不涉及省际关系的订货会、展销会上所签合同的印花税，其纳税地点由各省、自治区、直辖市人民政府自行确定。印花税的纳税办法，根据税额大小、贴花次数以及税收征收管理的需要，分别采用以下三种纳税办法。

1. 汇贴或者汇缴

一般适用于应纳税额较大或者贴花次数频繁的纳税人。一份凭证应纳税额超过 500 元的，应向当地税务部门申请填写缴款书或者完税证，将其中一联粘贴在凭证上或者由税务部门在凭证上加注完税标记代替贴花。这就是通常所说的"汇贴"办法。同一种类应纳税凭证，需频繁贴花的，纳税人可以根据实际情况自行决定是否采用按期汇总缴纳印花税的方式,汇总缴纳的期限为 1 个月。

缴纳方式一经选定，1 年内不得改变。一般情况下，公司采用汇缴的方式申报缴纳印花税。

2. 自行贴花

一般适用于应税凭证较少或者贴花次数较少的纳税人。已贴花的凭证，修改后所载金额增加的，其增加部分应当补贴印花税票。凡多贴印花税票者，不得申请退税或者抵用。

3. 委托代征

主要是通过税务部门的委托，经由发放或者办理应纳税凭证的单位代为征收印花税税款。

二、常规业务及账务处理

（一）常规业务

1. 从价计征

（1）对发电厂与电网之间签订的购售电合同，按购销合同（含税金额）征收印花税。

（2）工程物资及原材料的购销业务，属于加工承揽业务的修理、印刷、广告业务，建筑安装工程业务，工程勘察设计业务，财产租赁业务，运输业务，仓储保管业务，财产保险业务，融资借款业务等，按合同金额计税。

（3）产权转移按书据所载金额为计税依据。

（4）资金账簿按实收资本和资本公积的净增加额的 0.25‰贴花，分公司性质的单位无实收资本和资本公积，故无须按此计提印花税，由省公司统一计提。

2. 从量计征

权利、许可证照，按每件贴花 5 元。权利证照包括房屋产权证、工商营业执照、商标注册证、专利证、土地使用证。

3. 核定征收

由于印花税采取按应税凭证据实征收和按一定比例核定应税凭证计税依据方式征收，所以对部分业务的印花税不论是否签订合同，税务部门均可按照一定比例核定征收。

（二）账务处理

印花税的计提需要参照经法系统相关合同数据，当前公司经法系统合同类型清单见表 3-2。

表 3－2　　　　　　　　公司经法系统合同类型清单

序号	经法系统合同类型	常见合同	印花税合同类型	适用税率
1	供用电类合同	高压供用电合同、低压供用电合同、临时供用电合同、转供电合同、电费结算协议、电费互抵协议、供电设施产权分界协议、供电设施产权移交协议等	免征	
2	购售电输电类合同	购售电输电合同、抽水蓄能电站购售电合同、趸购电合同等	属于购销合同	0.03%
3	并网调度类合同	常规电源并网调度协议、风力发电场并网调度协议、光伏电站并网调度协议等	不属于印花税征税范围	
4	工程建设类合同	工程勘察设计合同、工程施工合同、工程监理合同、委托建设管理协议、环评委托合同、水保委托合同、可行性研究委托合同、工程前期合同、项目核准委托合同、征地拆迁补偿合同、设计评审合同、工程监造服务合同、工程结算审核合同、造价咨询合同、工程质量检测合同、居住区供配电工程服务协议、小型基建类合同等	1. 工程勘察设计合同属于建设工程勘察设计合同 2. 工程施工合同、居住区供配电工程服务协议、小型基建类合同属于建筑安装工程承包合同 3. 其他合同不属于印花税征税范围	0.03%
5	买卖类合同	电力工程物资设备采购合同、设备销售合同、废旧物资销售合同、办公家具买卖合同、办公设备买卖合同、协议库存合同、软硬件采购合同、其他货物买卖合同等	属于购销合同	0.03%
6	运维检修类合同	电力设施或线路运行维护合同、检修施工合同、大修技改合同、线路巡检合同、线路（设施）抢修合同等	属于加工承揽合同（工程建设施工类合同、纯服务类合同不属于加工承揽合同印花税征税范围）	0.03%
7	财务资产金融类合同	借款类合同、委托贷款合同、信托合同、担保合同、承销协议、保险合同、融资租赁合同、资产租赁合同、年度报表审计合同、结算（决算）审计合同、税收或银行服务合同等	1. 借款类合同、融资租赁合同属于借款合同 2. 财产保险合同属于保险合同 3. 资产租赁合同属于财产租赁合同 4. 其他合同不属于印花税征税范围	1. 0.005% 2. 0.1% 3. 0.1%
8	股权处置类合同	股权转让合同、股权划转合同、对外投资协议、股东出资协议等	1. 股权转让合同属于产权转移书据 2. 对外投资协议、股东出资协议等不属于印花税征税范围	0.05%

序号	经法系统合同类型	常见合同	印花税合同类型	适用税率
9	技术服务类合同	科学技术项目合同、技术开发合同、技术服务合同、技术咨询合同、技术转让合同等	属于技术合同	0.03%
10	信息化建设类合同	软件开发与实施服务合同、信息系统运行维护与技术支持服务合同、信息化项目咨询服务合同等	不属于印花税征税范围	
11	后勤服务类合同	物业服务合同、绿化服务合同、会务服务合同、办公或房屋设施维护合同、房屋或场地租赁合同、供水、气、热合同、车辆管理服务合同、保安服务合同等	1. 办公或房屋设施维护合同属于加工承揽合同 2. 房屋租赁合同属于租赁合同 3. 其他合同不属于印花税征税范围	1. 0.03% 2. 0.1%
12	运输仓储类合同	货物运输合同、保管合同、仓储合同等	1. 货物运输合同属于运输合同 2. 保管合同、仓储合同属于仓储保管合同	1. 0.03% 2. 0.1%
13	宣传与公共关系类合同	媒体宣传合同、网络宣传合同、演出合同、宣传片制作合同、宣传品制作合同、广告合同、品牌策划服务合同、品牌宣传合同、社会责任合同、捐赠合同、资料印制合同、纪念品定做合同、企业文化服务合同等	广告合同属于加工承揽合同，其他合同不属于印花税征税范围	0.03%
14	咨询委托类合同	管理咨询委托合同、招标代理委托合同、培训合同、法律顾问服务合同、项目咨询合同、翻译服务、物资管理服务合同、评估委托合同等	不属于印花税征税范围	
15	劳务服务类合同	劳务合同、劳务派遣协议、借工协议等	不属于印花税征税范围	
16	保密类合同	保密协议等	不属于印花税征税范围	
17	电动汽车服务类合同	电动汽车服务合同、充电业务车联网平台服务委托合同等	不属于印花税征税范围	
18	节能服务类合同	配电网分享型合同能源管理合同、配电网综合能源法服务合同等	不属于印花税征税范围	
19	战略合作类合同	战略合作合同、合作备忘录、框架协议等	不属于印花税征税范围	
20	其他类合同	除上述19类以外的合同	不属于印花税征税范围	

1. 计提

登录财务管控系统，选择"税务管理"模块，点击"其他税种"下拉菜单，填制"印花税计算单"，传递生成凭证，账务处理如下：

借：税金及附加—主营业务税金及附加/XF04 印花税

贷：应交税费—应交印花税

2. 缴纳

借：应交税费—应交印花税

贷：银行存款

三、电网相关税收优惠及特殊规定

（一）税收优惠

（1）电网与用户之间签订的供用电合同、国家电网公司系统内部各级电网互供电量签订的购售电合同不征印花税。

（2）对已缴纳印花税凭证的副本或者抄本免税。

（3）对无息、贴息贷款合同免税。

（二）特殊规定

（1）一般的法律、法规、会计、审计等方面的咨询不属于技术咨询合同，其所立合同不贴印花。

（2）工程监理合同不属于技术合同税目中的技术咨询合同，其所立合同不贴印花。

（3）委托代理合同，凡仅明确代理事项、权限和责任的，不属于应税凭证，无须贴花。

（4）企业签订的劳务用工合同及招聘合同、培训合同不属于印花税征税范围，无须贴花。

（5）企业签订的保密协议，不属于印花税征税范围，无须贴花。

（6）企业签订的物业管理服务合同、保安服务合同、日常清洁绿化合同不属于印花税征税范围，无须贴花。

第四节　房　产　税

一、基本知识

（一）概念

房产税是以房屋为征税对象，按照房屋的计税余值或租金收入，向产权所有人征收的一种财产税。

所谓房屋，是指有屋面和围护结构（有墙或两边有柱），能够遮风避雨，可供人们在其中生产、学习、工作、娱乐、居住或储藏物资的场所。不包括油罐、玻璃暖房，以及户外车棚等临时设施。

房产税的征税范围在城市、县城、建制镇和工矿区，不涉及农村。建制镇是指镇人民政府所在地，不包括所辖的行政村。工矿区是指工商业比较发达，人口比较集中，符合国务院规定的建制标准，但尚未设立镇建制的大中型工矿企业所在地。开征房产税的工矿区，须经省、自治区、直辖市人民政府批准。

供电企业在农村的变电站、供电所、配电房等房产不征税。

（二）计税依据

房产税的计税依据是房产的计税价值或房产的租金收入。按照房产计税价值征税的，称为从价计征；按照房产租金收入计征的，称为从租计征。

1. 从价计征

从价计征的，其计税依据为房产原值一次减去 10%～30%后的余值。房产原值是指纳税人按照会计制度规定，在账簿"固定资产"科目中记载的房屋原价；对依照房产原值计税的房产，不论是否记载在会计账簿"固定资产"科目中，均应按照房屋原价计算缴纳房产税。房屋原价应根据会计制度规定进行核算，否则应按规定予以调整或重新评估。

对按照房产原值计税的房产，无论会计上如何核算，房产原值均应包含地价，包括为取得土地使用权支付的价款、开发土地发生的成本费用等。根据《财政部　国家税务总局关于安置残疾人就业单位城镇土地使用税等政策的通知》（财税〔2010〕121 号），宗地容积率低于 0.5 的，按房产建筑面积的 2 倍计算土地面积并据此确定计入房产原值的地价。

为了维持和增加房屋的使用功能或使房屋满足设计要求，凡以房屋为载体，不可随意移动的附属设备和配套设施，如给排水、采暖、消防、中央空调、电气及智能化楼宇设备等，无论在会计核算中是否单独记账与核算，都应计入房产原值，计征房产税。

自用的地下建筑，按以下方式计税：

（1）工业用途房产，以房屋原价的 50%～60%作为应税房产原值。

（2）商业和其他用途房产，以房屋原价的 70%～80%作为应税房产原值。

（3）对于与地上房屋相连的地下建筑，如房屋的地下室、地下停车场、商场的地下部分等，应将地下部分与地上房屋视为一个整体，按照地上房屋建筑的有关规定计算征收房产税。

2. 从租计征

从租计征的（房产出租的），以房产租金收入为计税依据，包括货币收入和实物收入。

出租的地下建筑，按照出租地上房屋建筑的有关规定计算征收房产税。

（三）税率

1. 从价计征

从价计征的税率，是按房产原值一次减除 10%～30% 后的余值计征，税率为1.2%。即

$$应纳税额=房产原值×(1-30\%)×税率（1.2\%）$$

2. 从租计征

从租计征的税率，是按房产出租的租金收入计征的，税率为 12%。即

$$应纳税额=房产租金收入×税率（12\%或4\%）$$

从 2001 年 1 月 1 日起，对个人按市场价格出租的居民住房，用于居住的，可暂减按 4% 的税率征收房产税。

（四）征收管理

房产税实行按年计算、分期缴纳的征收办法，具体纳税期限由省、自治区、直辖市人民政府确定。目前安徽税务征管系统默认从租计征按月申报缴纳，从价计征按季申报缴纳，纳税人可以向税务部门申请重新核定征期。房产税在房产所在地缴纳。房产不在同一地方的纳税人，应按房产的坐落地点分别向房产所在地的税务部门纳税。

二、常规业务及账务处理

公司所属各单位按照属地原则，按年征收、分期缴纳。应首先确定房产税计征方式，然后根据房产原值、租金收入、税率、用途等确定应交税额，并进行账务处理及相关纳税申报、缴纳税款等操作。

（一）常规业务

（1）公司位于城市、县城、建制镇和工矿区的房产，不涉及农村的各类房产。

（2）产权所有人不在房屋所在地，由房产代管或使用的供电企业纳税。

（二）账务处理

登录财务管控系统，选择"税务管理"模块，选择"其他税种"下拉菜单，提取资产涉税台账数据，填制"房产税计算单"，传递生成凭证，账务处理如下：

1. 计提

从价计征房产税

借：税金及附加—主营业务税金及附加/XF01 房产税
　　贷：应交税费—应交房产税
从租计征房产税
借：税金及附加—其他业务税金及附加/XF01 房产税
　　贷：应交税费—应交房产税
2. 缴纳
借：应交税费—应交房产税
　　贷：银行存款

三、电网相关税收优惠及特殊规定

（1）房屋改建、扩建支出应该计入房产原值征收房产税。

（2）新建房屋初次装修费用应计入房产原值征收房产税。

（3）租入房屋由承租人承担的装修费用，所发生的装修支出不缴纳房产税。

（4）旧房重新装修，涉及《国家税务总局关于进一步明确房屋附属设备和配套设施计征房产税有关问题的通知》（国税发〔2005〕173 号）列明的房屋附属设施和配套设施的更换，则无论会计上如何核算，都要并入房产原值缴纳房产税；如果房屋装修过程中不涉及上述列明的房屋附属设施和配套设施的更换，仅是装饰性的普通装修，根据相关文件规定以及会计准则的规定，看是否应该资本化，资本化的并入房产原值征税，不资本化的不征税。

（5）产权所有人、承典人不在房产所在地的，或者产权未确定及租典纠纷未解决的，由房产代管人或者使用人缴纳。

（6）企业办的各类学校、医院、托儿所、幼儿园自用的房产，可以比照由国家财政部门拨付事业经费的单位自用的房产，免征房产税。房屋大修停用在半年以上的，经纳税人申请，在大修期间可免征房产税。

第五节　城镇土地使用税

一、基本知识

（一）概念

城镇土地使用税是以城镇土地为征税对象，对拥有土地使用权的单位和个人征收的一种税。城镇土地使用税的征税范围包括在城市、县城、建制镇和工矿区范围内的国家所有和集体所有的土地。

（二）计税依据

城镇土地使用税以纳税人实际占用的土地面积为计税依据，依照规定税额计算征收。纳税人实际占用的土地面积，以县级以上人民政府核发的土地使用证书所确认的土地面积为准。尚未核发土地使用证书的，以纳税人据实申报并经地方税务部门核实的土地面积为准。

（三）单位税额

城镇土地使用税每平方米年适用税额幅度按照下列规定执行：

（1）大城市 1.5 元至 30 元。

（2）中等城市 1.2 元至 24 元。

（3）小城市 0.9 元至 18 元。

（4）县城、建制镇、工矿区 0.6 元至 12 元。

上述所称大城市、中等城市、小城市的划分标准，按照国务院 2014 年 10 月 29 日发布《关于调整城市规模划分标准的通知》（国发〔2014〕51 号）的规定执行。

城区常住人口 100 万以上的城市为大城市，常住人口 50 万以上 100 万以下的城市为中等城市，城区常住人口 50 万以下的城市为小城市。

供电企业根据所在地市、县人民政府根据实际情况划分的土地等级，按照相应的适用税额标准，进行申报缴纳。

全年应纳税额＝实际占用应税土地面积×适用税额

（四）征收管理

公司所属各单位按照属地原则计算缴纳城镇土地使用税。

拥有土地使用权的纳税人不在土地所在地的，由代管人或实际使用人纳税。

在城镇土地使用税征税范围内实际使用应税集体所有建设用地，但未办理土地使用权流转手续的，由实际使用集体土地的单位和个人按规定缴纳城镇土地使用税。

在城镇土地使用税征税范围内，承租集体所有建设用地的，由直接从集体经济组织承租土地的单位和个人，缴纳城镇土地使用税。

城镇土地使用税按年计算，分期缴纳，具体缴纳期限由市、县税务部门确定。

纳税人享受税收优惠政策需要向主管税务部门办理备案手续。

二、常规业务及账务处理

（一）常规业务

供电企业位于城市、县城、建制镇和工矿区范围内的国家所有和集体所有的土地，如办公楼、生产基地、仓库、营业网点、出租房地产等土地（不包括变电站、输电线路用地），应缴纳城镇土地使用税。

（二）账务处理

登录财务管控系统，选择"税务管理"模块，选择"其他税种"下拉菜单，填制"土地使用税计算单"，传递生成凭证，账务处理如下：

1. 计提

借：税金及附加—主营税金及附加/其他业务税金及附加—XF03 土地使用税

  贷：应交税费—应交土地使用税

2. 缴纳

借：应交税费—应交土地使用税

  贷：银行存款

三、电网相关税收优惠及特殊规定

（1）供电部门的输电线路用地、变电站用地，免征城镇土地使用税。

（2）新征用的耕地，自批准征用之日起满 1 年时开始缴纳城镇土地使用税；新征用的非耕地，自批准征用次月起缴纳城镇土地使用税。

（3）以出让或转让方式有偿取得土地使用权的，应由受让方从合同约定交付土地时间的次月起缴纳城镇土地使用税；合同未约定交付土地时间的，由受让方从合同签订的次月起缴纳城镇土地使用税。

（4）在城镇土地使用税征税范围内单独建造的地下建筑用地，按规定征收城镇土地使用税。其中，已取得地下土地使用权证的，按土地使用权证确认的土地面积计算应征税款；未取得地下土地使用权证或地下土地使用权证上未标明土地面积的，按地下建筑垂直投影面积计算应征税款。对上述地下建筑用地暂按应征税款的 50%征收城镇土地使用税。

（5）通过招标、拍卖、挂牌方式取得的建设用地，不属于新征用的耕地，纳税人应按照《财政部　国家税务总局关于房产税城镇土地使用税有关政策的通知》（财税〔2006〕186 号）第二条规定，从合同约定交付土地时间的次月起缴纳城镇土地使用税；合同未约定交付土地时间的，从合同签订的次月起缴纳城镇土地使用税。

第六节 车 船 税

一、基本知识

（一）概念

车船税是指对在我国境内应依法到公安、交通、农业、渔业、军事等管理部门办理登记的车辆、船舶，根据其种类，按照规定的计税依据和年税额标准计算征收的一种财产税。车船税的课税对象包括依法应当在车船登记管理部门登记的机动车辆和船舶，以及依法不需要在车船登记管理部门登记的在单位内部场所行驶或者作业的机动车辆和船舶。

（二）计税依据

按车船的种类和性能，车船税的计税依据分别为每辆、整备质量每吨、净吨位每吨和艇身长度每米。乘用车、商用客车和摩托车，以每辆为计税依据；商用货车、专用作业车和轮式专用机械车，按整备质量每吨为计税依据；机动船舶、非机动驳船、拖船，按净吨位每吨为计税依据；游艇按艇身长度每米为计税依据。

（三）税率

安徽省车船税车辆税目税额表见表3-3。

表3-3　　　　　　　　　　安徽省车船税车辆税目税额表

税　目		计税单位	年税额标准	备注
乘用车［按发动机汽缸容量（排气量）分档］	1.0升（含）以下的	每辆	180元	核定载客人数9人（含）以下
	1.0升以上至1.6升（含）的		300元	
	1.6升以上至2.0升（含）的		360元	
	2.0升以上至2.5升（含）的		660元	
	2.5升以上至3.0升（含）的		1200元	
	3.0升以上至4.0升（含）的		2700元	
	4.0升以上的		3900元	
商用车	客车　中型	每辆	480元	核定载客人数9人以上20人以下，包括电车
	客车　大型		540元	核定载客人数20人（含）以上，包括电车

税　目		计税单位	年税额标准	备注
商用车	货车	整备质量每吨	80 元	包括半挂牵引车、三轮汽车和低速载货汽车等
挂车		整备质量每吨	40 元	
其他车辆	专用作业车	整备质量每吨	80 元	不包括拖拉机
	轮式专用机械车		80 元	
摩托车		每辆	60 元	

（四）征收管理

车船税纳税义务发生时间为取得车船所有权或者管理权的当月，以购买车船的发票或者其他证明文件所载日期的当月为准。

车船税的纳税地点为车船的登记地或者车船税扣缴义务人所在地，依法不需要办理登记的车船，车船税的纳税地点为车船的所有人或者管理人所在地。

车船税按年申报、分月计算，纳税人应当一次性缴清全年应缴税款，自行申报纳税的纳税人，其纳税期限为每年 12 月 31 日之前；由扣缴义务人代收代缴机动车车船税的，车船税的纳税期限为纳税人购买机动车第三者责任强制保险的当日。

从事机动车第三者责任强制保险业务的保险机构为机动车车船税的扣缴义务人，由其在收取保险费时代收代缴车船税，公司收到其开具的保险费增值税发票，备注栏中应注明实际代收代缴的车船税税款信息，包括保险单号、税款所属期（详细至月）、代收车船税、滞纳金、合计等，该增值税发票可作为纳税人缴纳车船税及滞纳金的会计核算原始凭证。纳税人因特殊原因需要另外开具完税凭证的，可以在购买机动车第三者责任强制保险的次月 20 日后，持含有完税信息的机动车第三者责任强制保险单和增值税发票到保险机构所在地的主管税务部门开具完税凭证。

二、常规业务及账务处理

（一）常规业务

各种生产用车辆、公务用车辆、发电车等，均是车船税的课税对象。依法不需要在车船管理部门登记、在单位内部场所行驶或者作业的机动车辆和船舶也属于车船税的征税范围。

（二）账务处理

登录财务管控系统，选择"税务管理"模块，选择"其他税种"下拉菜单，填制车船使用税计算单，传递生成凭证，账务处理如下：

1. 计提

借：税金及附加—主营业务税金及附加/其他业务税金及附加—XF02 车船使用税

　　贷：应交税费—应交车船税

2. 缴纳

借：应交税费—应交车船税

　　贷：银行存款

三、电网相关税收优惠及特殊规定

（1）对节约能源的车船，减半征收车船税，对使用新能源的车船，免征车船税，主推进动力装置为纯天然气发动机的新能源船舶免征车船税。

（2）车船税法及其实施条例涉及的整备质量、净吨位、艇身长度等计税单位，有尾数的一律按照含尾数的计税单位据实计算车船税应纳税额。计算得出的应纳税额小数点后超过两位的可四舍五入保留两位小数。乘用车以车辆登记管理部门核发的机动车登记证书或者行驶证书所载的排气量毫升数确定税额区间。

（3）已经缴纳车船税的车船，因质量原因，车船被退回生产企业或者经销商的，纳税人可以向纳税所在地的主管税务部门申请退还自退货月份起至该纳税年度终了期间的税款。退货月份以退货发票所载日期的当月为准。

（4）纳税人在购买"交强险"时，由扣缴义务人代收代缴车船税的，凭注明已收税款信息的"交强险"保险单，车辆登记地的主管税务部门不再征收该纳税年度的车船税。再次征收的，车辆登记地主管税务部门应予退还。

（5）不购买交强险的应税车辆，纳税人在会计年度内，自行向车船税主管税务部门申报缴纳车船税。

第七节　契　　税

一、基本知识

（一）概念

契税是以在境内转移土地、房屋权属为征税对象，向产权承受人征收的一种税。转移土地、房屋权属主要包括"国有土地使用权出让、土地使用权转让（出售、赠与、交换）、房屋买卖、房屋赠与、房屋交换"等行为。

（二）计税依据

契税的计税依据为不动产的价格。由于土地、房屋权属转移方式不同、定价方法不同，因而具体计税依据视不同情况而决定。

（1）国有土地使用权出让、土地使用权出售、房屋买卖，以成交价格为计税依据。成交价格是指土地、房屋权属转移合同确定的价格，包括承受者应交付的货币、实物、无形资产或者其他经济利益。

（2）土地使用权赠与、房屋赠与，由征收机关参照土地使用权出售、房屋买卖的市场价格核定。

（3）土地使用权交换、房屋交换，为所交换的土地使用权、房屋的价格差额。也就是说，交换价格相等时，免征契税；交换价格不等时，由多交付的货币、实物、无形资产或者其他经济利益的一方缴纳契税。

（4）以划拨方式取得土地使用权，经批准转让房地产时，由房地产转让者补交契税。计税依据为补交的土地使用权出让费用或者土地收益。为了避免偷、逃税款，税法规定，成交价格明显低于市场价格并且无正当理由的，或者所交换土地使用权、房屋的价格的差额明显不合理并且无正当理由的，征收机关可以参照市场价格核定计税依据。

（5）房屋附属设施征收契税的依据：采取分期付款方式购买房屋附属设施土地使用权、房屋所有权的，应按合同约定的总价款计征契税；承受的房屋附属设施权属如为单独计价的，按照当地确定的适用税率征收契税；如与房屋统一计价的，适用与房屋相同的契税税率。

（6）出让国有土地使用权，契税计税价格为承受人为取得该土地使用权而支付的全部经济利益。对通过"招、拍、挂"程序承受国有土地使用权的，应按照土地成交总价款计征契税，其中的土地前期开发成本不得扣除。

（三）税率

契税采用比例税率，安徽省契税税率为4%。

应纳税额的计算公式为：

$$应纳税额 = 计税依据 \times 税率$$

（四）征收管理

契税纳税义务发生时间，为纳税人签订土地、房屋权属转移合同的当天，或者纳税人取得其他具有土地、房屋权属转移合同性质凭证的当天。纳税人因改变已经减征、免征契税的土地、房屋用途的，其纳税义务发生时间为改变有关土地、房屋用途的当天。

纳税人应当自纳税义务发生之日起 10 日内，向土地、房屋所在地的契税征收机关办理纳税申报，并在纳税申报之日起 30 日内缴纳税款。

公司所属各单位按照属地原则缴纳契税。

二、账务处理

1. 计提

登录财务管控系统，选择"税务管理"模块，选择"其他税种"下拉菜单，填制契税计算单，传递生成凭证，账务处理如下：

借：在建工程

固定资产

贷：应交税费—应交契税

2. 缴纳

借：应交税费—应交契税

贷：银行存款

三、电网相关税收优惠及特殊规定

（1）企业按照《中华人民共和国公司法》有关规定整体改制，包括非公司制企业改制为有限责任公司或股份有限公司，有限责任公司变更为股份有限公司，股份有限公司变更为有限责任公司，原企业投资主体存续并在改制（变更）后的公司中所持股权（股份）比例超过 75%，且改制（变更）后公司承继原企业权利、义务的，对改制（变更）后公司承受原企业土地、房屋权属，免征契税。

（2）对承受县级以上人民政府或国有资产管理部门按规定进行行政性调整、划转国有土地、房屋权属的单位，免征契税；同一投资主体内部所属企业之间土地、房屋权属的划转，包括母公司与其全资子公司之间，同一公司所属全资子公司之间，同一自然人与其设立的个人独资企业、一人有限公司之间土地、房屋权属的划转，免征契税；母公司以土地、房屋权属向其全资子公司增资，视同划转，免征契税。

（3）经国务院批准实施债权转股权的企业，对债权转股权后新设立的公司承受原企业的土地、房屋权属，免征契税。

（4）以出让方式或国家作价出资（入股）方式承受原改制重组企业、事业单位划拨用地的，不属上述规定的免税范围，对承受方应按规定征收契税。

（5）两个或两个以上的公司，依照法律规定、合同约定，合并为一个公司，且原投资主体存续的，对合并后公司承受原合并各方土地、房屋权属，免征契税；公司依照法律规定、合同约定分立为两个或两个以上与原公司投资主体相同的公司，对分立后公司承受原公司土地、房屋权属，免征契税。

（6）在房屋拆迁补偿安置中，以产权调换方式安置房屋的，对被拆迁房屋的单位和个人重新承受房屋价值与拆迁房屋价值相等部分免征契税；以拆迁补偿款购置房屋的，对被拆迁房屋的个人重新承受房屋价格与拆迁补偿款相等的部分免征契税。

（7）对承受国有土地使用权所应支付的土地出让金，要计征契税，不得因减免土地出让金而减免契税。

第八节　耕地占用税

一、基本知识

（一）概念

耕地占用税是对占用耕地建房或从事其他非农业建设的单位和个人，就其实际占用的耕地面积征收的一种税，它属于对特定土地资源占用课税。

耕地占用税的纳税义务人，是占用耕地建房或从事非农业建设的单位和个人。

耕地占用税的征税范围包括建房或从事其他非农业建设而占用的国家所有和集体所有的耕地。属于耕地占用税征税范围的土地包括：

（1）耕地。指用于种植农作物的土地。

（2）园地。指果园、茶园、其他园地。

（3）林地、牧草地、农田水利用地、养殖水面以及渔业水域滩涂等其他农用地。

林地，包括有林地、灌木林地、疏林地、未成林地、迹地、苗圃等，不包括居民点内部的绿化林木用地，铁路、公路征地范围内的林木用地，以及河流、沟渠的护堤林用地。牧草地，包括天然牧草地、人工牧草地。农田水利用地，包括农田排灌沟渠及相应附属设施用地。养殖水面，包括人工开挖或者天然形成的用于水产养殖的河流水面、湖泊水面、水库水面、坑塘水面及相应附属设施用地。渔业水域滩涂，包括专门用于种植或者养殖水生动植物的海水潮浸地带和滩地。

（4）草地、苇田。

草地，是指用于农业生产并已由相关行政主管部门发放使用权证的草地。苇田，是指用于种植芦苇并定期进行人工养护管理的苇田。

（二）计税依据

耕地占用税以纳税人实际占用的应税土地面积（包括经批准占用面积和未经批准占用面积）为计税依据，以平方米为单位，按所占土地当地适用税额计税，实行一次性征收。

（三）税率

耕地占用税计算公式为：

$$应纳税额 = 应税土地面积 × 适用税额$$

按照《安徽省耕地占用税实施办法》（财农村〔2008〕367号）的规定，耕地占用税适用税额如下：

一类地区：合肥、蚌埠、芜湖、淮南、淮北、铜陵、马鞍山、安庆市的市区范围内的乡镇村；黄山市的屯溪区及所属乡（镇）村，黄山、徽州区政府驻地和黄山区的汤口镇；阜阳市颍东区的河东、向阳、辛桥（新华）三个办事处；颍州区的文峰、清河办事处，颍西镇、王店镇政府所在地及其以北的各行政村；颍泉区的泉颍、泉北、周棚三个办事处；风景旅游区；矿产开发区。适用税额37.5元/平方米。

二类地区：滁州、六安、池州、宣城、宿州、亳州市的市区范围（不包括所属区）内的乡镇村；县级市的市区及所属村；县城关镇及所属村；县（市、区）属其他建制镇及所属村。适用税额26.25元/平方米。

三类地区：农村居民建房和除一、二类地区以外的其他地区。适用税额18.75元/平方米。

（四）征收管理

耕地占用税原则上由纳税人向应税土地所在地主管税务部门申报纳税，经批准占用应税土地的，耕地占用税纳税义务发生时间为纳税人收到土地管理部门办理占用农用地手续通知的当天；未经批准占用应税土地的，耕地占用税纳税义务发生时间为纳税人实际占地的当天。

耕地占用税纳税人依照税收法律法规及相关规定，应在获准占用应税土地收到土地管理部门的通知之日起30日内向主管税务部门申报缴纳耕地占用税；未经批准占用应税土地的纳税人，应在实际占地之日起30日内申报缴纳耕地占用税。

已享受减免税的应税土地改变用途，不再属于减免税范围的，耕地占用税纳税义务发生时间为纳税人改变土地用途的当天。

二、常规业务及账务处理

（一）常规业务

公司占用国家所有和集体所有的耕地建设房屋、变电站等，应缴纳耕地占用税。

（二）账务处理

1. 计提

借：在建工程

　　贷：应交税费—应交耕地占用税

2. 缴纳

借：应交税费—应交耕地占用税

　　贷：银行存款

三、电网相关税收优惠及特殊规定

（1）供电公司架设的架空电线是从空中通过的，没有改变架空电线下林地的性质，不属耕地占用税征收范围。

（2）纳税人占用基本农田的，适用税额在当地适用税额的基础上提高 50%。基本农田是指依据《基本农田保护条例》划定的基本农田保护区范围内的耕地。

（3）纳税人未经批准占用应税土地，应税面积不能及时准确确定的，主管税务部门可根据实际占地情况核定征收耕地占用税，待应税面积准确确定后结清税款，结算补税不加收滞纳金。

（4）纳税人在批准临时占地的期限内恢复所占用土地原状的以及损毁土地的单位或者个人，在 2 年内恢复土地原状的，纳税人可以申请退还已缴纳的耕地占用税，但超过 2 年未恢复土地原状的，已征税款不予退还。

第九节　车　辆　购　置　税

一、基本知识

（一）概念

车辆购置税是以在中国境内购置规定车辆为课税对象，在特定的环节向车辆购置者征收的一种税。该税 2001 年开征，性质属于直接税，纳税环节为最终消费环节，从价计征，一次性征收。

车辆购置税征税范围为列举的车辆，未列举的车辆不纳税，其征税范围包括：汽车、有轨电车、汽车挂车、排气量超过一百五十毫升的摩托车。

（二）计税依据

由于应税车辆购置的来源不同，计税价格的组成也就不一样。车辆购置税的计税依据有以下几种情况：

（1）购买自用：计税依据为纳税人购买应税车辆而支付给销售方的全部价款和价外费用（不含增值税税款）。价外费用是指销售方价外向购买方收取的基金、集资费、违约金（延期付款利息）和手续费、包装费、储存费、优质费、运输装卸费、保管费以及其他各种性质的价外收费，但不包括销售方代办保险等而向购买方收取的保险费，以及向购买方收取的代购买方缴纳的车辆购置税、车辆牌照费。

（2）进口自用：计税依据为关税完税价格加上关税和消费税。

（3）自产自用：计税依据为纳税人生产的同类应税车辆的销售价格确定，不包括增值税税款。

（4）其他自用：如受赠、获奖和以其他方式取得并自用，计税依据为购置应税车辆时相关凭证载明的价格确定，不包括增值税税款。

（5）免税条件消失的车辆，自初次办理纳税申报之日起，使用年限未满 10 年的，计税价格以免税车辆初次办理纳税申报时确定的计税价格为基准，每满 1 年扣减 10%；未满 1 年的，计税价格为免税车辆的原计税价格；使用年限 10 年（含）以上的，计税价格为 0。

（三）税率

车辆购置税实行统一比例税率，税率为 10%。

（四）征收管理

车辆购置税实行一车一申报制度。

公司购买自用应税车辆的，应自购买之日起 60 日内申报纳税；进口自用应税车辆的，应自进口之日起 60 日内申报纳税；自产、受赠、获奖或者以其他方式取得并自用应税车辆的，应自取得之日起 60 日内申报纳税。

免税车辆因转让、改变用途等原因，其免税条件消失的，纳税人应在免税条件消失之日起 60 日内到主管税务部门重新申报纳税。

需要办理车辆登记注册手续的纳税人，向车辆登记注册地的主管税务部门办理纳税申报，不需要办理车辆登记注册手续的纳税人，向纳税人所在地的主管税务部门办理纳税申报。

二、常规业务及账务处理

购买车辆的车辆购置税，应当计入固定资产初始入账价值。账务处理如下：

借：固定资产—运输设备

贷：银行存款

三、电网相关税收优惠及特殊规定

（1）设有固定装置的非运输车辆免税。

（2）自 2018 年 7 月 1 日至 2021 年 6 月 30 日，对购置挂车减半征收车辆购置税。购置日期按照《机动车销售统一发票》《海关关税专用缴款书》或者其他有效凭证的开具日期确定。

（3）缴纳车辆购置税的车辆，发生"车辆退回生产企业或者经销商""符合免税条件的设有固定装置的非运输车辆但已征税的"等情形，准予纳税人申请退税。

应退税额计算公式如下：

$$应退税额 = 已纳税额 \times (1 - 使用年限 \times 10\%)$$

应退税额不得为负数。

第十节 土 地 增 值 税

一、基本知识

（一）概念

土地增值税是对有偿转让国有土地使用权、地上建筑物及其附着物并取得收入的单位和个人征收的一种税。征税范围包括转让国有土地使用权（包括出售、交换和赠与）、连同国有土地使用权一并转让的地上建筑物及其附着物、存量房地产的买卖等。

转让国有土地使用权、地上的建筑物及其附着物，不包括国有土地使用权出让的行为，也不包括以继承、赠与方式无偿转让房地产的行为。

（二）计税依据

土地增值税是以转让房地产取得的收入，减除法定扣除项目金额后的增值额为计税依据，纳税人再按照转让房地产所取得的增值额和规定的税率计算缴纳土地增值税。

（三）税率

土地增值税实行四级超率累进税率（见表3-4）。

土地增值税税额＝∑每级距的土地增值额×适用税率

表3-4 土地增值税税率表

级数	增值额与扣除项目金额的比率	税率	速算扣除系数
1	未超过50%的部分	30%	0
2	超过50%～100%的部分	40%	5
3	超过100%～200%的部分	50%	15
4	超过200%的部分	60%	35

（四）征收管理

土地增值税纳税地点为房地产所在地，纳税人应当自转让房地产合同签订之日起7日内向房地产所在地主管税务部门办理纳税申报缴纳。

二、常规业务及账务处理

（一）常规业务

电网企业涉及土地增值税的业务主要为转让存量房地产业务，如出售自建或购买的房屋。转让存量房地产可扣除的项目包括房屋及建筑物的评估价格、取得土地使用权所支付的地价款和按国家统一规定缴纳的有关费用、转让环节缴纳的税金。

房屋及建筑物的评估价格指由政府批准设立的房地产评估机构评定的重置成本价乘以成新度折扣率后的价格。凡不能取得评估价格，但能提供购房发票，旧房及建筑物的评估价格，可按发票所载金额并从购买年度起至转让年度止每年加计5%计算扣除。计算扣除项目时"每年"按购房发票所载日期起至售房发票开具之日止，每满12个月计一年；超过一年，未满12个月但超过6个月的，可以视同为一年。对纳税人购房时缴纳的契税，凡能提供契税完税凭证的，准予作为"与转让房地产有关的税金"予以扣除，但不作为加计5%的基数。

对于转让旧房及建筑物，既没有评估价格，又不能提供购房发票的，税务部门可以实行核定征收。

（二）账务处理

登录财务管控系统，选择"税务管理"模块，选择"其他税种"下拉菜单，填制土地增值税计算单，传递生成凭证，账务处理如下：

1. 计提

借：固定资产清理

　　贷：应交税费—应交土地增值税

2. 缴纳

借：应交税费—应交土地增值税

　　贷：银行存款

三、电网相关税收优惠及特殊规定

（1）因国家建设的需要而被政府征用、收回的房地产，免征土地增值税。

（2）因城市规划、国家建设需要而搬迁由纳税人自行转让原房地产的，免征土地增值税。

（3）对企事业单位、社会团体以及其他组织转让旧房作为公租房房源，且增值额未超过扣除项目金额20%的，免征土地增值税。

（4）有限责任公司（股份有限公司）整体改制为股份有限公司（有限责任公司），对改制前的企业将国有土地使用权、地上的建筑物及其附着物（以下简称"房地产"）转移、变更到改制后的企业，暂不征土地增值税。整体改制是指不改变原企业的投资主体，并承继原企业权利、义务的行为。

（5）按照法律规定或者合同约定，两个或两个以上企业合并为一个企业，且原企业投资主体存续的，对原企业将房地产转移、变更到合并后的企业，暂不征土地增值税。

（6）按照法律规定或者合同约定，企业分设为两个或两个以上与原企业投资主体相同的企业，对原企业将房地产转移、变更到分立后的企业，暂不征土地增值税。

（7）单位、个人在改制重组时以房地产作价入股进行投资，对其将房地产转移、变更到被投资的企业，暂不征土地增值税。

（8）营改增后，土地增值税纳税人接受建筑安装服务取得的增值税发票，应按照《国家税务总局关于全面推开营业税改征增值税试点有关税收征收管理事项的公告》（国家税务总局公告2016年第23号）规定，在发票的备注栏注明建筑服务发生地县（市、区）名称及项目名称，否则不得计入土地增值税扣除项目金额。

第十一节 个人所得税

一、基本知识

(一) 概念

个人所得税是以个人(自然人)取得的应税所得为征税对象所征收的一种税。通常所说的个人所得,是指个人在一定时期内,有劳动、经营、投资或将其所有的财产、权利等提供或让渡给他人使用而获得的利润或收益。我国税法规定个人所得包括:工资、薪金所得,劳务报酬所得,稿酬所得,特许权使用费所得,经营所得,利息、股息、红利所得,财产租赁所得,财产转让所得,偶然所得。

个人所得税分为三种模式:分类所得税制、综合所得税制、综合和分类相结合的所得税制。

2019年1月1日前,我国实行的是分类所得税制,纳税人的各类型所得以各自独立的方式计算纳税。自2019年1月1日开始,我国实行的是综合和分类相结合的所得税制,纳税人取得的"工资、薪金所得,劳务报酬所得,稿酬所得,特许权使用费所得"等四种类型所得为综合所得,按纳税年度合并计算个人所得税;纳税人取得的"经营所得,利息、股息、红利所得,财产租赁所得,财产转让所得,偶然所得"等五种类型所得,仍按所得分类分别计算个人所得税。

(二) 计税依据

个人所得税的计税依据为纳税人取得的应纳税所得额,其中综合所得个人所得税计税依据为综合所得减去免税所得及基本减除费用、专项扣除、专项附加扣除和依法确定的其他扣除后的余额。

$$应纳税所得额 = 综合所得 - 免税所得 - 基本减除费用 -$$
$$专项扣除 - 专项附加扣除 - 依法确定的其他扣除$$
$$应纳个人所得税 = 应纳税所得额 × 税率 - 速算扣除数 - 减免税额$$

综合所得,包含工资、薪金所得以及劳务报酬所得、稿酬所得、特许权使用费所得。

免税所得是指根据税法规定可以免税的所得,如省级人民政府、国务院部委和中国人民解放军军以上单位,以及外国组织、国际组织颁发的科学、教育、技术、文化、卫生、体育、环境保护等方面的奖金。

基本减除费用,即60 000元/年(5000元/月)的标准。

专项扣除,即按规定由个人承担的"三险一金"。

专项附加扣除，具体包括子女教育、继续教育、大病医疗、住房贷款利息或者住房租金和赡养老人等 6 项。

依法确定的其他扣除，是指除上述基本减除费用、专项扣除、专项附加扣除之外，由国务院决定以扣除方式减少纳税的优惠政策规定。如商业健康保险、个人税收递延型养老保险、企业年金等。

减免税额是指符合税法规定可以减免的税额，如芦山地震受灾减免个人所得税、个人转让五年以上唯一住房，免征个人所得税。

（三）税率

居民个人取得综合所得，适用 3% 至 45% 的七级超额累进税率，按年计算个人所得税，税率表见表 3-5。

表 3-5 个人所得税税率表（综合所得适用）

级数	全年应纳税所得额	税率（%）	速算扣除数
1	不超过 36 000 元的	3	0
2	超过 36 000 元至 144 000 元的部分	10	2520
3	超过 144 000 元至 300 000 元的部分	20	16 920
4	超过 300 000 元至 420 000 元的部分	25	31 920
5	超过 420 000 元至 660 000 元的部分	30	52 920
6	超过 660 000 元至 960 000 元的部分	35	85 920
7	超过 960 000 元的部分	45	181 920

（四）征收管理

综合所得采取的是代扣代缴和自行申报相结合的征管模式，按年计税，按月、按次预缴或扣缴税款。

扣缴义务人每月或者每次预扣、代扣的税款，应当在次月十五日内缴入国库，并向所在地税务机关报送扣缴个人所得税申报表。

个人取得综合所得，需要办理汇算清缴的，应当在取得所得的次年 3 月 1 日至 6 月 30 日内办理汇算清缴。员工个人按年计税后的年度应纳税款，与日常已缴税款进行清算，确定其应退补税款，由员工个人依法补缴或申请退还多缴的税款。

二、管理模式

（一）单位预扣预缴

1. 扣缴登记

公司作为综合所得扣缴义务人需要按规定向税务机关办理扣缴税款登记。

2. 人员信息采集

公司在办理扣缴申报时，需一并向主管税务机关报送支付所得的所有个人的有关信息、支付所得数额、扣除事项和数额、扣缴税款的具体数额和总额以及其他相关涉税信息资料。

新员工入职后，扣缴单位应在支付所得的次月办理扣缴申报。申报时，首先应通过扣缴客户端软件"人员信息采集"功能进行自然人基础信息的采集和验证。若员工证件核实无误但客户端仍提示验证未通过的，需员工持本人有效身份证件至当地办税服务厅现场办理身份核验。

3. 专项附加扣除信息采集

（1）员工以纸质表方式报送的，公司应当将员工报送信息如实录入扣缴端软件，在发薪次月办理扣缴申报时通过扣缴端软件提交给税务机关，同时将纸质表留存备查。

（2）员工以电子模板方式报送的，单位应当将电子模板信息导入扣缴端软件，在次月办理扣缴申报时通过扣缴端软件提交给税务机关，同时将电子模板内容打印，经员工签字、单位盖章后留存备查。

（3）员工通过税务部门提供的网络渠道（手机 APP 或各省电子税务局）填报专项附加扣除信息并选择扣缴单位办理扣除的，税务机关将根据纳税人的选择把专项附加扣除相关信息全部推送至单位，单位在使用扣缴端软件下载后，即可为员工办理扣除；该方式下，员工和扣缴单位无须留存纸质扣除信息表。

（4）如果单位发现员工提供的专项附加扣除信息与实际情况不符，可以要求员工修改，员工拒绝修改的，应当报告税务机关处理。根据《中华人民共和国个人所得税法》第十一条，纳税人向扣缴义务人提供专项附加扣除信息的，扣缴义务人应当按照规定予以扣除，不得拒绝。

4. 预扣税款计算

公司向员工个人支付工资、薪金所得，劳务报酬所得，稿酬所得，特许权使用费所得时，按以下方法预扣预缴个人所得税。

（1）支付工资、薪金所得时，应当按照累计预扣法计算预扣税款，并按月办理全员全额扣缴申报。具体计算公式如下：

本期应预扣预缴税额＝（累计预扣预缴应纳税所得额×预扣率－

速算扣除数）－累计减免税额－累计已预扣预缴税额

累计预扣预缴应纳税所得额＝累计收入－累计免税收入－累计减除费用－

累计专项扣除－累计专项附加扣除－累计依法确定的其他扣除

其中：累计减除费用，按照 5000 元/月乘以纳税人当年截至本月在本单位的任职受雇月份数计算。

个人所得税预扣率（居民个人工资、薪金所得预扣预缴适用）见表3-6。

表3-6 个人所得税预扣率表（居民个人工资、薪金所得预扣预缴适用）

级数	累计预扣预缴应纳税所得额	预扣率（%）	速算扣除数
1	不超过36 000元的部分	3	0
2	超过36 000元至144 000元的部分	10	2520
3	超过144 000元至300 000元的部分	20	16 920
4	超过300 000元至420 000元的部分	25	31 920
5	超过420 000元至660 000元的部分	30	52 920
6	超过660 000元至960 000元的部分	35	85 920
7	超过960 000元的部分	45	181 920

（2）扣缴义务人向员工个人支付劳务报酬所得、稿酬所得、特许权使用费所得，按次或者按月预扣预缴个人所得税。具体预扣预缴方法如下：

劳务报酬所得、稿酬所得、特许权使用费所得以收入减除费用后的余额为收入额。其中，稿酬所得的收入额减按百分之七十计算。

减除费用：劳务报酬所得、稿酬所得、特许权使用费所得每次收入不超过四千元的，减除费用按八百元计算；每次收入四千元以上的，减除费用按百分之二十计算。

应纳税所得额：劳务报酬所得、稿酬所得、特许权使用费所得，以每次收入额为预扣预缴应纳税所得额。劳务报酬所得适用百分之二十至百分之四十的超额累进预扣率，稿酬所得、特许权使用费所得适用百分之二十的比例预扣率。

劳务报酬所得应预扣预缴税额=预扣预缴应纳税所得额×

预扣率-速算扣除数

稿酬所得、特许权使用费所得应预扣预缴税额=

预扣预缴应纳税所得额×20%

个人所得税预扣率表（居民个人劳务报酬所得预扣预缴适用）见表3-7。

表3-7 个人所得税预扣率表（居民个人劳务报酬所得预扣预缴适用）

级数	预扣预缴应纳税所得额	预扣率（%）	速算扣除数
1	不超过20 000元的部分	20	0
2	超过20 000元至50 000元的部分	30	2000
3	超过50 000元的部分	40	7000

5. 反馈信息

公司应当于年度终了后两个月内，向员工个人提供其个人所得和已扣缴税款等信息。纳税人年度中间需要提供上述信息的，公司也应当提供。

（二）个人汇算清缴

员工取得综合所得且符合下列情形之一的，应当依法办理汇算清缴：

（1）从两处以上取得综合所得，且综合所得年收入额减除专项扣除后的余额超过 6 万元。

（2）取得劳务报酬所得、稿酬所得、特许权使用费所得中一项或者多项所得，且综合所得年收入额减除专项扣除的余额超过 6 万元。

（3）纳税年度内预缴税额低于应纳税额。

（4）纳税人申请退税。

需要办理汇算清缴的纳税人，应当在取得所得的次年 3 月 1 日至 6 月 30 日内，向任职、受雇单位所在地主管税务机关办理纳税申报，并报送《个人所得税年度自行纳税申报表》。纳税人有两处以上任职、受雇单位的，选择向其中一处任职、受雇单位所在地主管税务机关办理纳税申报；纳税人没有任职、受雇单位的，向户籍所在地或经常居住地主管税务机关办理纳税申报。

纳税人办理综合所得汇算清缴，应当准备与收入、专项扣除、专项附加扣除、依法确定的其他扣除、捐赠、享受税收优惠等相关的资料，并按规定留存备查或报送。

三、常规业务及账务处理

（一）综合所得

供电公司员工在单位取得的工资、薪金所得，劳务报酬所得，稿酬所得，特许权使用费均为综合所得，其中工资、薪金所得，具体包括个人因任职或受雇而取得的工资、薪金、奖金、年终奖、津贴、补贴以及与任职或受雇有关的其他所得。也就是说，个人取得的所得，只要是与任职、受雇有关，不管资金开支渠道是以现金或实物等形式支付的，都是工资、薪金所得项目的课税对象。

（二）专项扣除

个人按照国家或安徽省人民政府规定的缴费比例或办法实际缴付的基本养老保险费、基本医疗保险费、失业保险费及住房公积金，允许在个人应纳税所得额中扣除。

单位按照国家或安徽省人民政府规定的缴费比例或办法实际缴付的基本养老保险费、基本医疗保险费、失业保险费及住房公积金，免征个人所得税。

个人在不超过职工本人上一年度月平均工资 12%的幅度内，其实际缴存的住房公积金，允许在个人应纳税所得额中扣除。个人缴存住房公积金的月平均工资不得超过职工工作地所在设区城市上一年度职工月平均工资的 3 倍。

（三）专项附加扣除

公司作为个人所得税扣缴义务人，要根据员工提交的专项附加扣除信息，依规定按月为员工办理专项附加扣除并计算个人所得税预缴税款。除大病医疗以外其他五项专项附加扣除，员工可以选择单位发放工资薪金时，按月享受专项附加扣除政策，也可以自行在年度综合所得汇算清缴申报时办理。

1. 子女教育专项附加扣除

纳税人的子女接受学前教育和学历（学位）教育的相关支出，按照每个子女每月 1000 元的标准定额扣除。

学前教育包括年满 3 岁至小学入学前教育。

学历教育包括义务教育（小学和初中教育）、高中阶段教育（普通高中、中等职业教育）、高等教育（大学专科、大学本科、硕士研究生、博士研究生教育）。

受教育子女的父母分别按扣除标准的 50%扣除；经父母约定，也可以选择由其中一方按扣除标准的 100%扣除。具体扣除方式在一个纳税年度内不得变更。

纳税人子女在中国境外接受教育的，应当留存境外录取通知书及签证相关资料。

2. 继续教育专项附加扣除

纳税人在中国境内接受学历（学位）继续教育的支出，在学历（学位）教育期间按照每月 400 元定额扣除，同一学历（学位）继续教育的扣除期限不能超过 48 个月。

纳税人接受技能人员职业资格继续教育、专业技术人员职业资格继续教育的支出，在取得相关证书的当年，按照 3600 元定额扣除。

个人接受本科及以下学历（学位）继续教育，符合规定扣除条件的，该项教育支出可以由其父母按照子女教育支出扣除，也可以由本人按照继续教育支出扣除，但不得同时扣除。本科之上只能由本人扣除。

3. 大病医疗专项附加扣除

在一个纳税年度内，纳税人发生的与基本医保相关的医药费用支出，扣除医保报销后个人负担（指医保目录范围内的自付部分）累计超过 15 000 元的部分，由纳税人在办理年度汇算清缴时，在 80 000 元限额内据实扣除。大病医疗专项附加扣除由纳税人办理汇算清缴时扣除。

纳税人发生的大病医疗支出由纳税人本人或配偶扣除，未成年子女发生的医药费用可以选择父母一方扣除，纳税人应当留存医疗服务收费及医保报销相关票据原件（或复印件）。

4. 住房贷款利息专项附加扣除

纳税人本人或者配偶单独或者共同使用商业银行或者住房公积金个人住房贷款为本人或者其配偶购买中国境内住房，发生的首套住房贷款利息支出，在实际发生贷款利息的年度，按照每月 1000 元的标准定额扣除，扣除期限最长不超过 240 个月。纳税人只能享受一次首套住房贷款的利息扣除。首套住房贷款是指购买住房享受首套住房贷款利率的住房贷款。

经夫妻双方约定，可以选择由其中一方扣除，具体扣除方式在一个纳税年度内不得变更。

夫妻双方婚前分别购买的首套住房贷款，其贷款利息支出，婚后可以选择其中一套购买的住房，由购买方按照扣除标准的 100%扣除，也可由夫妻双方对各自购买的住房分别按照扣除标准的 50%扣除，具体扣除方式在一个纳税年度内不得变更。

5. 住房租金专项附加扣除

纳税人在主要工作城市没有自有住房而发生的住房租金支出，可以按照以下标准定额扣除：

（1）直辖市、省会（首府）城市、计划单列市以及国务院确定的其他城市，扣除标准为每月 1500 元。

（2）除上述所列城市以外，市辖区户籍人口超过 100 万的城市，扣除标准为每月 1100 元；市辖区户籍人口不超过 100 万的城市，扣除标准为每月 800 元。

纳税人的配偶在纳税人的主要工作城市有自有住房的，视同纳税人在主要工作城市有自有住房。

主要工作城市是指纳税人任职受雇的直辖市、计划单列市、副省级城市、地级市（地区、州、盟）全部行政区域范围；纳税人无任职受雇单位的，为受理其综合所得汇算清缴的税务机关所在城市。

夫妻双方主要工作城市相同的，只能由一方扣除住房租金支出。住房租金支出由签订租赁住房合同的承租人扣除。纳税人及其配偶不得同时分别享受住房贷款利息专项附加扣除和住房租金专项附加扣除。纳税人应当留存住房租赁合同协议等备查。

6. 赡养老人专项附加扣除

纳税人赡养一位及以上被赡养人的赡养支出，统一按照以下标准定额扣除：

（1）纳税人为独生子女的，按照每月 2000 元的标准定额扣除。

（2）纳税人为非独生子女的，应当与其兄弟姐妹分摊每月 2000 元的扣除额度，每人分摊的额度不得超过每月 1000 元，分摊方式包括平均分摊、被赡养人指定分摊或者赡养人约定分摊，具体分摊方式在一个纳税年度内不得变更。采取指定分摊或约定分摊方式的，应签订书面分摊协议。指定分摊优先于约定分摊。

被赡养人是指年满 60 岁的父母，以及子女均去世的年满 60 岁的祖父母、外祖父母。

（四）其他扣除

1. 符合规定的商业健康保险

对个人购买符合规定的商业健康保险产品的支出，允许在当年（月）计算应纳税所得额时予以税前扣除，扣除限额为 2400 元/年（200 元/月）。单位统一为员工购买符合规定的商业健康保险产品的支出，应分别计入员工个人工资薪金，视同个人购买，按上述限额予以扣除。

符合规定的商业健康保险产品，参见《财政部　税务总局　保监会关于将商业健康保险个人所得税试点政策推广到全国范围实施的通知》（财税〔2017〕39号）文件及附件。

2. 个人税收递延型养老保险（试点政策，安徽不在试点地区）

个人购买符合规定的商业养老保险产品，享受递延纳税优惠，其中取得工资薪金、连续性劳务报酬所得的个人，其缴纳的保费准予在申报扣除当月计算应纳税所得额时予以限额据实扣除，扣除限额按照当月工资薪金、连续性劳务报酬收入的6%和1000 元孰低办法确定。

对个人达到规定条件时领取的商业养老金收入，其中25%部分予以免税，其余75%部分按照10%的比例税率计算缴纳个人所得税。

3. 企业年金

企业年金职工个人缴费部分由单位从职工个人工资中代扣代缴，个人缴费部分，在不超过本人缴费工资计税基数4%标准内的部分，暂从个人当期的应纳税所得额中扣除。

企业年金单位缴费每年不超过本企业职工工资总额的 8%，企业和职工个人缴费合计不超过本企业职工工资总额的12%，超过标准缴付的年金单位缴费和个人缴费部分，应并入个人当期的工资、薪金所得征税。

本人缴费工资计税基数（本人上一年度月平均工资+职工岗位工资+薪级工资之和）超过职工工作地所在设区城市上一年度职工月平均工资 300%以上的部分，不计入个人缴费工资计税基数。

（五）账务处理

公司各单位个税计提在 ERP 系统执行，凭证由人资模块自动生成。

1. 计提

借：应付职工薪酬

    贷：应交税费—代扣代缴个人所得税

2. 缴纳

借：应交税费—代扣代缴个人所得税

    贷：银行存款

四、电网相关税收优惠及特殊规定

（1）《中华人民共和国个人所得税法》规定以下个人所得，免征个人所得税：省级人民政府、国务院部委和中国人民解放军军以上单位，以及外国组织、国际组织颁发的科学、教育、技术、文化、卫生、体育、环境保护等方面的奖金；国债和国家发行的金融债券利息；按照国家统一规定发给的补贴、津贴；福利费、抚恤金、救济金；保险赔款；军人的转业费、复员费、退役金；按照国家统一规定发给干部、职工的安家费、退职费、基本养老金或者退休费、离休费、离休生活补助费。

国债利息，是指个人持有中华人民共和国财政部发行的债券而取得的利息。国家发行的金融债券利息，是指个人持有经国务院批准发行的金融债券而取得的利息。按照国家统一规定发给的补贴、津贴，是指按照国务院规定发给的政府特殊津贴、院士津贴，以及国务院规定免纳个人所得税的其他补贴、津贴。

福利费，是指根据国家有关规定，从企业、事业单位、国家机关、社会团体提留的福利费或者工会经费中支付给个人的生活补助费，根据《国家税务总局关于生活补助费范围确定问题的通知》（国税发〔1998〕155 号）的规定，所称生活补助费，是指由于某些特定事件或原因而给纳税人或其家庭的正常生活造成一定困难，其任职单位按国家规定从提留的福利费或者工会经费中向其支付的临时性生活困难补助。

（2）依据《财政部 国家税务总局 民政部关于公益性捐赠税前扣除有关问题的通知》（财税〔2008〕160 号）规定，个人通过社会团体、国家机关向公益事业的捐赠支出，按照现行税收法律、行政法规及相关政策规定准予在所得税税前扣除。

（3）独生子女补贴、差旅补助不属于工资、薪金性质的收入，不征税。

（4）在 2018 年 10 月 1 日至 12 月 31 日期间，对纳税人实际取得的工资、薪金所得，按 5000 元/月的基本减除费用进行扣除，适用按月度换算的税率表，并不再扣除附加减除费用；扣缴单位 10 月 1 日（含）后向纳税人实际发放的工资薪金，按照 5000 元/月的新标准计算个人所得税；9 月 30 日（含）前向纳税人实际发放的工资薪金，仍然按照 3500 元/月的基本减除费用计算个人所得税。

（5）居民个人取得全年一次性奖金，符合《国家税务总局关于调整个人取得全年一次性奖金等计算征收个人所得税方法问题的通知》（国税发〔2005〕9 号）规定的，在 2021 年 12 月 31 日前，不并入当年综合所得，以全年一次性奖金收入除以 12 个月得到的数额，按照换算后的综合所得税率表，确定适用税率和速算扣除数，单独计算纳税。居民个人取得全年一次性奖金，也可以选择并入当年综合所得计算纳税。自 2022 年 1 月 1 日起，居民个人取得全年一次性奖金，应并入当年综合所得计算缴纳个人所得税。

（6）中央企业负责人取得年度绩效薪金延期兑现收入和任期奖励，符合《国家税务总局关于中央企业负责人年度绩效薪金延期兑现收入和任期奖励征收个人所得税问题的通知》（国税发〔2007〕118 号）规定的，在 2021 年 12 月 31 日前，参照居民个人取得全年一次性奖金执行；2022 年 1 月 1 日之后的政策另行明确。

（7）个人达到国家规定的退休年龄，领取的企业年金、职业年金，符合《财政部　人力资源社会保障部　国家税务总局关于企业年金职业年金个人所得税有关问题的通知》（财税〔2013〕103 号）规定的，不并入综合所得，全额单独计算应纳税款。其中按月领取的，适用月度税率表计算纳税；按季领取的，平均分摊计入各月，按每月领取额适用月度税率表计算纳税；按年领取的，适用综合所得税率表计算纳税。

个人因出境定居而一次性领取的年金个人账户资金，或个人死亡后，其指定的受益人或法定继承人一次性领取的年金个人账户余额，适用综合所得税率表计算纳税。对个人除上述特殊原因外一次性领取年金个人账户资金或余额的，适用月度税率表计算纳税。

（8）个人与用人单位解除劳动关系取得一次性补偿收入（包括用人单位发放的经济补偿金、生活补助费和其他补助费），在当地上年职工平均工资 3 倍数额以内的部分，免征个人所得税；超过 3 倍数额的部分，不并入当年综合所得，单独适用综合所得税率表，计算纳税。

（9）个人办理提前退休手续而取得的一次性补贴收入，应按照办理提前退休手续至法定离退休年龄之间实际年度数平均分摊，确定适用税率和速算扣除数，单独适用综合所得税率表，计算纳税。计算公式：

应纳税额＝{［（一次性补贴收入÷办理提前退休手续至法定

退休年龄的实际年度数）－费用扣除标准］×适用税率－速算扣除数}×

办理提前退休手续至法定退休年龄的实际年度数

（10）个人办理内部退养手续而取得的一次性补贴收入，按照《国家税务总局关于个人所得税有关政策问题的通知》（国税发〔1999〕58 号）规定计算纳税。计税方法：从办理内部退养手续后至法定离退休年龄之间的所属实际月份进行平均，并与领取当月的"工资、薪金"所得合并后减除当月费用扣除标准，以余额为基数确定适用税率，再将当月工资、薪金加上取得的一次性收入，减去费用扣除标准，按适用税率计征个人所得税。

（11）单位按低于购置或建造成本价格出售住房给职工，职工因此而少支出的差价部分，符合《财政部 国家税务总局关于单位低价向职工售房有关个人所得税问题的通知》（财税〔2007〕13 号）第二条规定的，不并入当年综合所得，以差价收入除以 12 个月得到的数额，按照月度税率表确定适用税率和速算扣除数，单独计算纳税。计算公式为：

应纳税额＝职工实际支付的购房价款低于该房屋的购置或

建造成本价格的差额×适用税率－速算扣除数

（12）依据《财政部 国家税务总局关于企业促销展业赠送礼品有关个人所得税问题的通知》（财税〔2011〕50 号）规定，企业向个人赠送礼品，属于下列情形之一的，取得该项所得的个人应依法缴纳个人所得税，税款由赠送礼品的企业代扣代缴：

1）企业在业务宣传、广告等活动中，随机向本单位以外的个人赠送礼品，对个人取得的礼品所得，全额适用 20%的税率缴纳个人所得税。

2）企业在年会、座谈会、庆典以及其他活动中向本单位以外的个人赠送礼品，对个人取得的礼品所得，全额适用 20%的税率缴纳个人所得税。

3）企业对累积消费达到一定额度的顾客，给予额外抽奖机会，个人的获奖所得，全额适用 20%的税率缴纳个人所得税。

案例 1：城建税、教育费附加计税依据

案例描述

2018 年 11 月，某市供电公司（城建税税率为 7%）在接受税务部门稽查后，需补缴增值税 100 万元并缴纳罚款 100 万元、滞纳金 30 万元。该公司在补缴上述税款和罚款、滞纳金后，在当月缴纳相应城建税、教育费附加和地方教育费附

加共计为：

$$(100+100+30)\times(7\%+3\%+2\%)=27.6（万元）$$

案例分析

根据 1985 年 2 月 8 日国务院颁布、2011 年 1 月 8 日修订的《中华人民共和国城市维护建设税暂行条例》和 1986 年 4 月 28 日颁布的《征收教育费附加的暂行规定》规定，城建税、教育费附加以纳税人实际缴纳的增值税、消费税（以下简称"两税"）为计税依据。"两税"减免额、"两税"滞纳金、罚款等不作为计税依据。但偷漏"两税"给予处罚，相应偷漏了城建税和教育费附加，也要处罚，处罚比例与"两税"处罚比例相同。

城市维护建设税和教育费附加，以纳税人实际缴纳的增值税和消费税额为计税依据，分别与增值税、消费税同时缴纳。

因此，该公司 2018 年 11 月共需缴纳城建税及教育费附加合计为 100×(7%+3%+2%)=12（万元）。 同时，相应补缴的城建税及教育费附加产生的滞纳金也应一并缴纳。

启示与建议

城建税和教育费附加应以当月实缴"两税"金额为计税基础，"两税"减免额、"两税"滞纳金、罚款等不作为计税依据。但偷漏"两税"给予处罚，相应偷漏了城建税和教育费附加，也要处罚，处罚比例与"两税"处罚比例相同。企业办税人员应牢记这一宗旨，以免多计、少计、漏计城建税、教育费附加。

案例 2：重大水利基金免交城建税、教育费附加

案例描述

某供电公司新任税务专职 2018 年 6 月底计提当月应交税费，计税基础表中列明的城建税及教育附加计税基础包含了国家重大水利工程建设基金应交的增值税。该公司会计主管在审核计税基础表时发现了该问题并及时做出纠正。

案例分析

《财政部 国家税务总局关于免征国家重大水利工程建设基金的城市维护建设税和教育费附加的通知》（财税〔2010〕44 号文）规定："经国务院批准，为

支持国家重大水利工程建设，从 2010 年 5 月 25 日起，对国家重大水利工程建设基金免征城市维护建设税和教育费附加。"

启示与建议

财务人员应熟悉各类税收优惠政策，切不可交"过头税"，同时在岗位轮换时应做好交接人员培训。

案例 3：房屋原值的计税依据

案例描述

某供电公司在计算缴纳 2018 年房产税时，报表中房屋原值为 114 036 288.50 元，其中变电站房产 38 067 294.30 元。该公司计算房屋部分应缴房产税为：(114 036 288.50－38 067 294.30)×(1－30%)×1.2%＝638 139.55（元）。税务部门认定，变电站房产不属于房产税优惠范围内，应补缴房产税 38 067 294.30×(1－30%)×1.2%＝319 765.27（元）。

案例分析

《中华人民共和国房产税暂行条例》（以下简称《房产税暂行条例》）规定：房产税的征税对象是房产。所谓房产，是指有屋面和围护结构（有墙或两边有柱），能够遮风避雨，可供人们在其中生产、学习、工作、娱乐、居住或储藏物资的场所。变电站房屋是房产税征税对象，且没有优惠政策。但值得一提的是，房产税的征税范围是在城市、县城、建制镇和工矿区，不涉及农村，如房产证中表明房产坐落地在农村的，可不缴纳房产税。

启示与建议

变电站用地免征城镇土地使用税，但变电站房屋不免征房产税，税务专职应了解优惠政策的具体内容，防止混淆，避免税务风险。

案例 4：房屋附属设施的房产税问题

案例描述

某供电公司在进行账务核算时，对调度楼的中央空调、给水排水等附属设施单独进行管理和核算，没有反映在房屋原值中。调度大楼在报表中以房屋反映，账面价值 2730 万元，中央空调等附属设施总价 150 万元。计算调度楼房产税为 27 300 000×（1−30%）×1.2%＝229 320（元）。税务部门认为应补缴房产税 1 500 000×（1−30%）×1.2%＝12 600（元）。

案例分析

《国家税务总局关于进一步明确房屋附属设备和配套设施计征房产税有关问题的通知》（国税发〔2005〕173 号）规定：凡以房屋为载体，不可随意移动的附属设备和配套设施，如给排水、采暖、消防、中央空调、电气及智能化楼宇设备等，无论在会计核算中是否单独记账与核算，都应计入房产原值，计征房产税。

启示与建议

中央空调等房屋附属设备和配套设施，最好在新建房屋工程中统一核算，计入房屋价值，核算房产税。单独核算的，在计算房产税时，应将房屋附属设备和配套设施考虑在内，防止漏缴房产税。

案例 5：低容积率房产如何计征房产税

案例描述

某供电公司于 2018 年 2 月新建成一办公楼，容积率为 0.45，房产面积 2000 平方米，房产价值 2500 万元。同时为取得土地使用权共支付价款 100 万元，土地面积 4445 平方米。该公司缴纳该办公楼房产税为（25 000 000＋1 000 000）×（1−30%)×1.2%×10/12＝182 000（元）。

案例分析

《财政部　国家税务总局关于安置残疾人就业单位城镇土地使用税等政策的通知》（财税〔2010〕121 号）规定：对按照房产原值计税的房产，无论会计上如何核算，房产原值均应包含地价，包括为取得土地使用权支付的价款、开发土地发生的成本费用等。因此在计算房产税时，不仅仅是房屋价值，还应包括为取得土地使用权支付的价款，同时，如宗地容积率低于 0.5 的，需按房产建筑面积的 2 倍计算土地面积（按比例计算土地使用权），并据此确定计入房产原值的地价。该公司应计入房产原值的地价为[(2000×2)/4445]×1 000 000＝899 887.51（元），

应缴纳该办公楼房产税为(25 000 000＋899 887.51)×(1−30%)×1.2%×10/12＝
181 299.21（元），多缴纳房产税 700.79 元。

启示与建议

在计算房产税时，应注意新建该房屋时是否为取得土地使用权而支付相关价款，并计入了无形资产当中。如果发生了这种情况，在计算房产原值时，应将为取得土地使用权的相关价款并入房屋原值中。同时，关于容积率在 0.5 以下房产所对应的地价的计算，值得办税人员注意。

案例 6：房屋大修的房产税处理

案例描述

某供电公司于 2018 年 3 月对一办公楼进行大修，当年 10 月完工并使用，该公司已向主管税务部门报备，在大修期间免征房产税。该办公楼原值 1800 万元，计算 2018 年该房屋的房产税为 18 000 000×(1−30%)×1.2%×4/12＝50 400(元)。

案例分析

《房产税暂行条例》规定：纳税人因房屋大修导致连续停用半年以上的，在房屋大修期间免征房产税，免征税额由纳税人在申报缴纳房产税时自行计算扣除，并在申报表附表或备注栏中做相应说明。

启示与建议

财务部门应向本单位有关部门宣贯相关税收优惠政策，及时掌握房屋维修等变动情况，在政策的相关条件具备时，及时向税务部门申请备案，同时相关备案材料应妥善保管，备查。

案例 7：印花税特殊事项

案例描述

某电力公司 2018 年 7 月营业账簿记载的实收资本和资本公积增加 120 万元，新建其他账簿 12 本，领受专利局发放的专利证 1 件、取得核发的施工许可证 1 件，签订施工合同（清包工）价税合计 3090 万元，该企业上述凭证 2018 年 7 月应纳印花税为 1 200 000×0.05%＋（12＋1＋1）×5＋30 900 000×0.03%＝9940（元）。

案例分析

自 2018 年 5 月 1 日起，记载资金的账簿，按实收资本和资本公积的合计金额依照 0.5‰减半征收印花税，对按件贴花 5 元的其他账簿免征印花税，权利许可证照按件 5 元定额贴花。该企业应纳印花税为 1 200 000×0.05%×50%＋5＋30 900 000×0.03%＝9575（元）。

启示与建议

不动产权证（房产证与土地证合并）、营业执照、商标注册证、专利证书（以下简称"一证一照一商一专利"），施工许可证不属于权利许可证照，不需缴纳印花税。

应税合同的计税依据为合同列明的价款和报酬，不包括增值税税款，合同中价款或者报酬与增值税税款未分开列明的，按照合计金额确定。建议合同签订时价税分离，税务专职按照不含税金额作为印花税计税依据。

案例 8：电网企业土地使用税问题

案例描述

2018 年，某供电公司发生如下业务：

（1）该公司年初取得一宗变电站用地，尚未取得土地权证。该公司认定其实际使用面积为 25 500 平方米。

（2）该公司一生产基地，占地 8000 平方米，其中将 100 平方米土地无偿提供给公安局派出所作为警务室使用，厂区内还有 600 平方米绿化地。

（3）该公司利用新征用土地（非耕地）新建一营业大厅，占地 1800 平方米，2018 年 7 月获批准征用，2018 年 8 月开始动工，2018 年 10 月 3 日完工，12 月 1 日交付使用。

（4）该公司出租一栋办公楼，占地面积为 500 平方米，该地区城镇土地使用税税率为 8 元/平方米。

（5）该公司 2018 年就上述事项缴纳城镇土地使用税 25 500×8＋8000×8＋1800×8×1/12＝269 200（元）。

案例分析

（1）据《国家税务局关于电力行业征免土地使用税问题的规定》（国税地字〔1989〕13号）规定：对供电部门的输电线路用电、变电站用电，免征土地使用税。但对其他用地，一律按照规定税率缴纳城镇土地使用税。城镇土地使用税以纳税人实际占用的土地面积为计税依据，依照规定税额计算征收。纳税人实际占用的土地面积，以县级以上人民政府核发的土地使用证书所确认的土地面积为准。尚未核发土地使用证书的，以纳税人据实申报并经地方税务部门核实的土地面积为准。

（2）《国家税务局关于印发〈关于土地使用税若干具体问题的补充规定〉的通知》（国税地字〔1989〕140号）第一条规定："对免税单位无偿使用纳税单位的土地（如公安、海关等单位使用铁路、民航等单位的土地），免征土地使用税；对纳税单位无偿使用免税单位的土地，纳税单位应照章缴纳土地使用税。"第十三条规定："对企业厂区（包括生产、办公及生活区）以内的绿化用地，应照章征收土地使用税，厂区以外的公共绿化用地和向社会开放的公园用地，暂免征收土地使用税。"

（3）据《中华人民共和国城镇土地使用税暂行条例》规定：新征用的土地，依照下列规定缴纳土地使用税：第一，征收的耕地，自批准征收之日起满1年时开始缴纳土地使用税；第二，征收的非耕地，自批准征收次月起缴纳土地使用税。上述案例中，该公司应于2018年8月起计算缴纳土地使用税，若该公司以出让或转让方式有偿取得土地使用权的，应由受让方从合同约定交付土地时间的次月起缴纳城镇土地使用税；合同未约定交付土地时间的，由受让方从合同签订的次月起缴纳城镇土地使用税。

（4）《国家税务局关于转发〈关于土地使用税若干具体问题的解释和暂行规定〉的通知》（国税地字〔1988〕15号）规定：土地使用税由拥有土地使用权的单位或个人缴纳。拥有土地使用权的纳税人不在土地所在地的，由代管人或实际使用人纳税；土地使用权未确定或权属纠纷未解决的，由实际使用人纳税；土地使用权共有的，由共有各方分别纳税。

综上，该公司应缴城镇土地使用税为$(8000-100)\times 8+1800\times 8\times 5/12+500\times 8=73\,200$（元）。

启示与建议

办税人员应建立公司土地台账，包括线路用地和变电站用地，同时应及时了解土地使用税的各项优惠政策，熟悉各种情况下的纳税义务发生时间，把握准确的时间节点，防止出现多记、漏记现象。在实际业务中，可在房屋租赁合同中明确一方为纳税义务人，防止漏缴土地使用税。

案例9：电网企业契税问题

案例描述

某供电企业 2018 年发生如下经济业务：

（1）2018 年 1 月，该供电企业接受捐赠一栋办公楼，市场价值 500 万元，该公司已入账。

（2）2018 年 2 月，该供电企业为新建一变电站，以协议方式取得一块土地的土地使用权。相关费用包括土地补偿费 50 万元、地上附着物和青苗补偿费 8 万元、拆迁补偿费 18 万元。

（3）2018 年 5 月，该供电企业承接了一项烂尾工程，与对方签订了土地转让合同，其中土地使用权转让金 1000 万元，在建工程价值 500 万元，合同总价 1500 万元。

（4）2018 年 7 月，该供电企业签订了一份融资租赁合同，融资租赁一栋办公楼，租期 3 年，每年租金为 300 万元，每年年初付款。2018 年 7 月该房产所有权发生转移。

（5）2018 年 10 月，该供电企业采用分期付款方式购买一处房产，合同总金额为 800 万元，公司 2018 年年底办理了不动产权证书，2018 年支付价款 300 万元，2019 年支付价款 505 万元。

（6）2018 年 12 月，该供电企业经批准整体改建为股份公司，承受原企业价值 600 万元的房产所有权；以债权人身份接受某破产企业价值 200 万元的房产抵偿债务，随后将此房产投资于另一企业。

案例分析

（1）《中华人民共和国契税暂行条例》（以下简称《契税暂行条例》）规定，在中华人民共和国境内转移土地、房屋权属，承受的单位和个人为契税的纳税人，应当依照本条例的规定缴纳契税。所称转移土地、房屋权属是指下列行为：

1）国有土地使用权出让。

2）土地使用权转让，包括出售、赠与和交换。

3）房屋买卖。

4）房屋赠与。

5）房屋交换。

房屋赠与的契税计税依据由征收机关参照土地使用权出售、房屋买卖的市场价格核定。

（2）《财政部 国家税务总局关于国有土地使用权出让等有关契税问题的通知》（财税〔2004〕134号）规定："以协议方式出让土地的，计税依据为成交价格。成交价格包括土地出让金、土地补偿费、安置补偿费、地上附着物和青苗补偿费、拆迁补偿费、市政建设配套费等承受者应交付的货币、实物、无形资产及其他经济利益。"

（3）《财政部 国家税务总局关于土地使用权转让契税计税依据的批复》（财税〔2007〕162号）规定，根据国家土地管理相关法律法规和《契税暂行条例》及其实施细则的规定，土地使用者将土地使用权及所附建筑物、构筑物等（包括在建的房屋、其他建筑物、构筑物和其他附着物）转让给他人的，应按照转让的总价款计征契税。

（4）由于在融资租赁期间，房产的所有权仍属于出租方，并没有发生转移，所以在租赁期内无须缴纳契税。在租赁期过后，房产所有权发生转移，应缴纳相关契税。

（5）《财政部 国家税务总局关于房屋附属设施有关契税政策的批复》（财税〔2004〕126号）规定，采取分期付款方式购买房屋附属设施土地使用权、房屋所有权的，应按合同约定的总价款计征契税。

（6）《财政部 国家税务总局关于继续支持企业事业单位改制重组有关契税政策的通知》（财税〔2018〕17号）第一条规定："企业按照《中华人民共和国公司法》有关规定整体改制，包括非公司制企业改制为有限责任公司或股份有限公司，有限责任公司变更为股份有限公司，股份有限公司变更为有限责任公司，原企业投资主体存续并在改制（变更）后的公司中所持股权（股份）比例超过75%，且改制（变更）后公司承继原企业权利、义务的，对改制（变更）后公司承受原企业土地、房屋权属，免征契税。"第五条规定："企业依照有关法律法规规定实施破产，债权人（包括破产企业职工）承受破产企业抵偿债务的土地、房屋权属，免征契税。"

综上，该公司2018年共需缴纳契税为：

$(500+50+8+18+1500+300 \times 3+300+500) \times 4\% = 151.04$（万元）。

启示与建议

企业办税人员应分清取得国有土地使用权的方式，无偿划拨方式取得不用缴纳相关契税，通过协议方式取得必须按照所有费用之和计算应缴纳的契税。在土地转让合同中，地上附属的建筑物、构筑物单独作价的，应合并到合同总金额中，一并计算缴纳契税。

契税的征税对象是境内转移土地、房屋权属，在土地、房屋权属没有发生改变时，无须缴纳契税。应充分理解征税对象，掌握正确纳税时点，避免税务风险。

契税的缴纳应根据取得土地使用权、房屋所有权时的合同总价进行计算，不论何时分几次付款，只要所有权转移，契税的纳税义务就随之产生。

案例 10：出售房屋的土地增值税计算

案例描述

某供电公司 2018 年发生如下业务：

（1）9 月 1 日转让其位于县城的一栋自建办公楼，取得不含增值税销售收入 12 000 万元。2008 年建造该办公楼时，为取得土地使用权支付金额 3000 万元，发生建造成本 4000 万元。转让时经政府批准的房地产评估机构评估后，确定该办公楼的重置成本价为 8000 万元。（其他相关资料：产权转移书据印花税税率 0.5‰，成新度折扣率 60%。纳税人选择简易办法缴纳增值税。）

（2）12 月 1 日转让其位于县城的另一栋旧办公楼，取得含增值税的全部售价 1020 万元，缴纳印花税 0.5 万元，因无法取得评估价格，公司提供了购房发票，该办公楼购于 2013 年 8 月，购价为 600 万元，缴纳契税 18 万元。

该公司 2018 年应缴纳多少土地增值税？

案例分析

（1）《财政部　国家税务总局关于土地增值税一些具体问题规定的通知》（财税字〔1995〕48 号）第十条规定："转让旧房的，应按房屋及建筑物的评估价格、取得土地使用权所支付的地价款和按国家统一规定交纳的有关费用以及在转让环节缴纳的税金作为扣除项目金额计征土地增值税。"

业务 1 土地增值税计算如下：

1）转让自建办公楼不含税收入 12 000 万元。

2）评估价格＝8000×60%＝4800（万元）。

3）取得土地使用权所支付的地价款和按国家统一规定缴纳的有关费用 3000 万元。

4）转让环节缴纳增值税 = 12 000×5% = 600（万元）；应纳城市维护建设税 = 600×5% = 30（万元）；应纳两个附加 = 600×（3% + 2%）= 30（万元）；应纳印花税 = 12 000×0.5‰ = 6（万元）；可扣除税金及附加 = 30 + 30 + 6 = 66（万元）。

5）允许扣除项目金额 = 4800 + 3000 + 66 = 7866（万元）。

6）增值额 = 12 000 - 7866 = 4134（万元），

增值率 = 4134÷7866×100% = 52.56%，

应纳土地增值税 = 4134×40% - 7866×5% = 1653.6 - 393.3 = 1260.3（万元）。

（2）《国家税务总局关于营改增后土地增值税若干征管规定的公告》（国家税务总局公告 2016 年第 70 号）规定："营改增后，纳税人转让旧房及建筑物，凡不能取得评估价格，但能提供购房发票的，《中华人民共和国土地增值税暂行条例》第六条第一、三项规定的扣除项目的金额按照下列方法计算：

（一）提供的购房凭据为营改增前取得的营业税发票的，按照发票所载金额（不扣减营业税）并从购买年度起至转让年度止每年加计 5% 计算。

（二）提供的购房凭据为营改增后取得的增值税普通发票的，按照发票所载价税合计金额从购买年度起至转让年度止每年加计5%计算。

（三）提供的购房发票为营改增后取得的增值税专用发票的，按照发票所载不含增值税金额加上不允许抵扣的增值税进项税额之和，并从购买年度起至转让年度止每年加计5%计算。"

业务 2 土地增值税计算如下：

1）转让旧办公楼需要交增值税 = (1020 - 600)÷(1 + 5%)×5% = 20（万元），转让办公楼不含税收入 1020 - 20 = 1000（万元）。

2）因为无法取得评估价格，所以按照购房发票所载金额从购买年度起至转让年度止每年加计 5% 扣除，600×（1 + 4×5%）= 720（万元）。

3）增值税附加税费 = 20×（5% + 3% + 2%）= 2（万元），印花税 0.5 万元，对纳税人购房时缴纳的契税，凡能提供契税完税凭证的，准予作为"与转让房地产有关的税金"予以扣除，但不作为加计 5% 的基数，所以可以扣除的税金金额 = 2 + 18 + 0.5 = 20.5（万元）。

4）允许扣除项目金额 = 720 + 20.5 = 740.5（万元）。

5）增值额 = 1000 - 740.5 = 259.5（万元），

增值率 = 259.5÷740.5×100% = 35.04%（适用 30%税率），

应纳土地增值税 = 259.5×30% = 77.85（万元）。

综上，该公司 2018 年应缴纳土地增值税＝1260.3＋77.85＝1338.15（万元）。

启示与建议

对于非房地产企业来说，土地增值税的计算相对比较简单，主要是确定转让的不含税收入及可扣除项目的金额，可扣除的金额在实际业务中主要还是采用评估价。

案例 11：累计预扣个人所得税的计算

案例描述

某供电公司员工张某 2012 年入职，2019 年每月应发工资均为 10 000 元，每月减除费用 5000 元，"三险一金"等专项扣除为 2500 元，从 2 月起享受子女教育专项附加扣除 1000 元。该供电公司另一员工李某 1995 年入职，2019 年每月应发工资均为 15 000 元，每月减除费用 5000 元，"三险一金"等专项扣除为 4500 元，享受子女教育、赡养老人两项专项附加扣除共计 2000 元。假设均没有减免收入及减免税额等情况，分别计算两位员工预扣预缴税额。

案例分析

张某：

1 月：(10 000－5000－2500)×3%＝2500×3%＝75（元）；

2 月：(10 000×2－5000×2－2500×2－1000)×3%－75＝45（元）；

3 月：(10 000×3－5000×3－2500×3－1000×2)×3%－75－45＝45（元）。

进一步计算可知，该纳税人全年累计预扣预缴应纳税所得额为 2500＋1500×11＝19 000 元，小于 36 000 元，一直适用 3%的税率，全年扣缴个人所得税 570 元。

李某：

以前三个月及 11、12 月为例，计算各月应预扣预缴税额：

1 月：(15 000－5000－4500－2000)×3%＝ 105（元）；

2 月：(15 000×2－5000×2－4500×2－2000×2)×3%＝105（元）；

3 月：(15 000×3－5000×3－4500×3－2000×3)×3%＝105（元）；

11 月：(15 000×11－5000×11－4500×11－2000×11)×10%－2520－105×10＝280（元）；

12 月：(15 000×12－5000×12－4500×12－2000×12)×10%－2520－105×10－280＝1680－1330＝350（元）。

上述计算结果表明，由于 11 月累计预扣预缴应纳税所得额为 38 500 元，已适用 10%的税率，12 月当然也适用 10%税率，全年扣缴个人所得税 1680 元。

启示与建议

新税法建立了对居民个人工资薪金、劳务报酬、稿酬和特许权使用费四项劳动性所得实行综合计税的制度。为方便纳税人，尽可能实现绝大部分仅有一处工薪收入纳税人日常税款的精准预扣，扣缴义务人支付居民个人工资、薪金所得时，需按照"累计预扣法"规定预扣个人所得税。

案例 12：子女教育专项附加扣除的申报

案例描述

某供电公司员工张某 2019 年 3 月向单位首次报送其正在上幼儿园的 4 岁女儿相关信息。则 3 月份该员工可在本单位发工资时扣除子女教育支出为多少？

该供电公司另一员工李某 2019 年 3 月向单位首次报送其正在上幼儿园的女儿相关信息，且女儿 3 月刚满 3 周岁，其可以扣除子女教育支出为多少？

2019 年 3 月该供电公司调入一员工赵某，其在当月开始领工资，但 5 月才首次向单位报送正在上幼儿园的 4 岁女儿相关信息，则 5 月该员工可在本单位发工资时扣除的子女教育支出金额为多少？

案例分析

根据规定，可以享受子女教育专项附加扣除政策的起止时间为子女年满 3 周岁的当月。另外，一个纳税年度内，纳税人在扣缴义务人预扣预缴税款环节未享受或未足额享受专项附加扣除的，可以在当年内向支付工资、薪金的扣缴义务人申请在剩余月份发放工资、薪金时补充扣除，也可以在次年 3 月 1 日至 6 月 30 日内，向汇缴地主管税务机关办理汇算清缴时申报扣除。

所以张某 3 月份可在本公司发工资时扣除子女教育支出 3000 元（1000 元/月×3 个月）。

李某可以扣除子女教育支出为 1000 元（1000 元/月×1 个月）。

赵某 5 月份可在本单位发工资时扣除的子女教育支出金额为 3000 元（1000 元/月×3 个月）。

启示与建议

针对子女教育需关注的是，如果是学前教育，可以享受子女教育专项附加扣除政策的起止时间为子女年满 3 周岁的当月至小学入学前一月；如果是全日制学历教育，则起止时间为子女接受义务教育、高中教育、高等教育的入学当月至教育结束的当月。提醒大家的是，享受子女教育专项附加扣除政策起止时间的计算，包含因病或其他非主观原因休学但学籍继续保留的期间，以及施教机构按规定组织实施的寒暑假等假期。如果您的子女在境内接受教育，不需要特别留存资料；如果您的子女在境外接受教育，则需要留存境外学校录取通知书、留学签证等相关教育资料，并积极配合税务机关的查验。

案例 13：继续教育专项附加扣除的申报

案例描述

某供电公司财务人员张某 2018 年就读工商管理在职研究生，2019 年同时取得注册会计师和税务师证书，2019 年，其又攻读会计专业硕士学位，其继续教育如何扣除？

案例分析

根据规定，多个学历（学位）继续教育不可同时享受，多个职业资格继续教育不可同时享受，但学历（学位）继续教育与职业资格继续教育可以同时享受。

所以张某学历（学位）继续教育只能按照每月 400 元定额扣除，不能扣除两次，但可以按照后一次教育继续重新计算扣 48 个月。

2019 年同时取得注册会计师和税务师证书，可以按照 3600 元定额扣除一次。

启示与建议

员工要合理安排学历（学位）继续教育与职业资格继续教育，最大程度享受税收红利。

案例 14：住房租金专项附加扣除的申报

案例描述

某县供电公司 2019 年新分来三个大学生，其中赵某来自外省，钱某来自本省外市，孙某来自本市外县，该三人自身均无房产，另本市外县新调入一名员工李某，李某在原工作地有一处住房。四人均入住员工宿舍，均按单位内部标准缴纳房租，他们的房租是否可以扣除？

案例分析

根据规定，纳税人在主要工作城市没有自有住房而发生的住房租金支出，可以按照标准定额扣除，主要工作城市是指纳税人任职受雇的直辖市、计划单列市、副省级城市、地级市（地区、州、盟）全部行政区域范围。

由于李某在本市有住房，所以不可扣除。对于入住职工宿舍的大学生，如果员工个人不付费，不得扣除，如果本人付费，属于房屋租赁，可以扣除。

启示与建议

申请住房租金专项附加扣除的，纳税人应当留存住房租赁合同、协议等有关资料备查，所以入住单位宿舍的职工，如果需要缴纳房租，也应同单位签订房屋租赁合同。

第四章 发票管理知识

第一节 发票的基本知识

一、发票的概念

发票，是指在购销商品、提供或者接受服务以及从事其他经营活动中，开具、收取的收付款凭证。

二、发票的种类

发票的种类繁多，结合电力行业的特点，发票按照性质分主要包括增值税专用发票、增值税普通发票、增值税电子普通发票和电费冠名发票；按照业务类型分主要包括电费发票和其他业务发票。

三、发票的基本内容及联次

发票的基本内容包括：发票的名称、发票代码和号码、联次及用途、客户名称、开户银行及账号、商品名称或经营项目、计量单位、数量、单价、大小写金额、开票人、开票日期、开票单位（个人）名称（章）等。

发票的基本联次包括存根联、发票联、记账联。存根联由收款方或开票方留存备查；发票联由付款方或受票方作为付款原始凭证；记账联由收款方或开票方作为记账原始凭证。

四、发票的管理主体

税务部门是发票主管机关，管理和监督发票的印制、领购、开具、取得、保管、销毁。国务院税务主管部门统一负责全国的发票管理工作，省、自治区、直辖市税务部门做好本行政区域内的发票管理工作。财政、审计、公安、海关等有关部门在各自的职责范围内，配合税务部门对发票工作进行管理。

第二节　发票管理的职责分工

一、省公司相关部门职责

省公司财务部门归口负责全省发票的管理工作，协调省级税务部门有关发票管理事项；负责发票管理的信息化支撑系统选取、运维工作；制定发票相关实施细则；指导基层各单位的发票领购、开具与保管工作；牵头检查及考核基层单位的发票管理情况。

省公司营销部门协助做好全省发票的管理工作，具体负责电费发票开具及保管工作；负责完善升级营销系统的开票功能；指导和监督基层单位电费发票的开具与保管工作；协助检查及考核基层单位的发票管理情况。

省公司科信部门负责制定税控计算机、网络开放端口等软硬件配置标准；指导和监督基层单位按标准落实税控计算机、网络开放端口等软硬件条件；协助完善升级营销系统的开票功能。

省公司审计部门负责对发票业务的审计监督，及时对本单位及下属单位发票管理情况进行检查、监督和评价，并提出整改意见和管理建议；负责对发票真实性、合法性、合规性进行检查监督，一旦发现违规、违纪、徇私舞弊行为，应及时向本单位负责人和上级单位汇报。

省公司业务部门应按照公司发票管理实施细则的相关规定取得发票；应加强对业务发票的审核，对提交发票的真实性、完整性、合法性负责。

二、市县公司相关部门职责

市县公司财务部门负责发票的领购、保管、抄税、报税工作；负责指导和监督营销部门开具、保管发票；负责协调当地税务部门有关发票管理事项。

市县公司营销部门负责发票的开具、保管工作；配合财务部门做好发票管理其他工作。

市县公司信通部门负责保障税控计算机应安装必备的杀毒软件，连接税控计算机的网络环境稳定，网络端口开放正确；负责定期对税控计算机进行网络安全检查。

市县审计部门（人员）、业务部门履行与省公司审计部门、业务部门同等职责。

第三节　发票领购的管理

首次领购发票需要核定票种，应取得《发票领购簿》。专用发票实行最高开票限额管理和供应数量控制。各单位申请最高开票限额时，需填写《最高开票限额申请表》，报主管税务部门审批。

增值税发票领购方式包括上门领购和网络领购两种方式：上门领购时凭《发票领购簿》、税控盘和经办人身份证明到主管税务部门办税服务厅申请购买。网络领购在国家税务总局安徽省税务局网站安徽省网上税务局"发票办理"模块申请购买。

目前增值税电子普通发票只能上门领购，凭《发票领购簿》、税控盘和经办人身份证明到主管税务部门办税服务厅领购，在税控盘中申领电子发票号段。

领购发票时应对发票进行检查，对有缺联、少份、缺号、错号等问题的发票应及时整本退还给税务部门。

第四节　发票开具的管理

一、开票基本要求

各单位（销售方）应按纳税义务发生时间进行开票，不得提前或滞后。开票时做到票面字迹清楚，不得压线、错格，名称规范，项目填写齐全；发票联和抵扣联加盖发票专用章。

各单位（销售方）积极向客户（购买方）推广使用增值税电子发票，若客户（购买方）需要纸质发票的，可以自行打印增值税电子普通发票的版式文件，其法律效力、基本用途、基本使用规定等与税务部门监制的增值税普通发票相同。客户（购买方）当场索取纸质普通发票的，营销部门应当免费提供电子发票版式文件打印服务。

二、电费发票的开票要求

营销部门开票人员依据 SG 186 系统抄表电量、电费金额及时准确向客户（购买方）开具发票，不得向与 SG 186 系统登记信息不一致的客户（购买方）开具发票，分割电量开票的按照《安徽省国家税务局关于代购电力产品发票开具问题的公告》相关规定办理。

营销部门不得提前和滞后开具电费发票。未发行形成当月应税收入的电费，包括居民电费收入，不得以任何理由开具任何形式的发票，避免发生虚开发票行为。一次电费收费行为原则上只在规定时间内开具一次发票，预收电费不得开具电费发票。

客户（购买方）是增值税一般纳税人的，直接开具增值税专用发票，不得先开具增值税电子发票或电费冠名发票，再换开增值税专用发票；客户（购买方）是不具备一般纳税人资格的客户和居民客户的，电费发行时就直接生成增值税电子发票，待客户（购买方）交费后，方可下载增值税电子发票。需开具增值税专用发票的客户（购买方）须具备一般纳税人资格，开票人员应在税务系统网站查验客户的一般纳税人资格，并收集客户（购买方）的银行开户名称、开户银行和账号等信息，形成客户（购买方）开票信息档案。

客户（购买方）申请补打发票的，在确认客户（购买方）电费结清且未打印过发票后，只能打印电费冠名发票一次，电费冠名发票用完后，不再补打发票。采用电费充值卡收费方式收取电费的，销售充值卡时不征税，并可向购卡客户开具货物或应税劳务、服务名称为"预付卡"的增值税普通发票，充值卡交费后方可向实际充值人开具增值税普通发票、增值税电子普通发票或电费冠名发票，不得开具增值税专用发票。

三、增值税发票开票系统管理

（一）增值税发票开票系统简介

目前，各单位使用的增值税税控系统包括航天信息税控系统和百旺金赋税控系统。通过航天信息税控系统，可以开具增值税专用发票和增值税普通发票；通过百旺金赋税控系统数据接口，可直接在营销 SG 186 系统开具增值税电子普通发票。

（二）增值税发票开票系统版的软硬件配置环境

1. 增值税发票管理系统需配置的硬件基础

（1）专用设备：需使用最新版本的税控盘或金税盘。

（2）计算机：至少预留两个 USB 接口，最好使用品牌台式机。

（3）打印机：针式票据平推打印机。

2. 增值税发票管理系统需配置的软件基础

（1）操作系统：建议使用 winXP SP3 及以上版本。

（2）具备互联网功能：网络环境应稳定，安装必备的杀毒软件，并指定专人进行税控盘的日常使用和升级维护。

各级营销部门应在互联网连接状态下在线使用增值税发票系统开具发票，增值税发票系统可自动上传已开具的发票明细数据。纳税人因网络故障等原因无法在线开票的，在税务部门设定的离线开票时限和金额范围内仍可开票，超限时将无法开具发票。

第五节　发票作废与冲销的管理

一、发票作废的管理

各单位（销售方）在开具发票当月，发生销货退回、开票有误等情形，收到客户（购买方）退回的发票联、抵扣联符合作废条件的，按作废处理；开具时发现有误的，可即时作废。作废专用发票须在防伪税控系统中将相应的数据电文按"作废"处理，在纸质专用发票各联次上注明"作废"字样，全联次留存，确保联次完整性、一致性。

二、红字发票管理

（一）红字增值税专用发票管理

客户（购买方）取得专用发票后，发现开票金额或信息有误等情形但不符合作废条件的，需要开具红字专用发票的，按以下方法处理：

（1）若开具的专用发票尚未交付给客户，以及客户（购买方）未用于申报抵扣并将发票联及抵扣联退回的，由各单位（销售方）可直接在增值税发票管理系统中填开并上传《开具红字增值税专用发票信息表》（以下简称"信息表"）。

（2）客户（购买方）取得专用发票已用于申报抵扣的，由客户（购买方）在增值税发票管理系统中填开并上传信息表，各单位（销售方）凭税务部门系统校验通过的信息表开具红字专用发票，在系统中以销项负数开具。

（二）红字增值税普通发票管理

各单位（销售方）开具红字增值税普通发票的，可以在所对应的蓝字发票金额范围内开具红字发票。

（三）红字增值税电子普通发票管理

增值税电子普通发票具有可复制性、无法回收的特点，因此增值税电子普通发票一旦开具不能作废。增值税电子普通发票开具后，如发生开票有误、销货退回或销售折让等应开具红字增值税电子普通发票，无须退回增值税电子普通发票。

第六节　发票取得管理

一、发票取得原则

各单位（购买方）取得各类型的发票时应遵循真实性、合法性、关联性原则。真实性原则是指发票反映的经济业务真实，且支出已经实际发生；合法性原则是指发票的形式、来源符合国家法律、法规等相关规定；关联性原则是指发票与其反映的支出相关联且有证明力。

二、发票取得的一般规定

各单位（购买方）取得的发票要素需齐全，名称栏需开具单位全称，税号准确无误，采购的商品或服务数量、单价、金额应列示清楚，当购买货物或商品品目、数量众多无法在发票上体现时，需附税控系统打印的《销货清单》，自制《销货清单》无效。

各单位（购买方）取得的增值税发票需要鉴定真伪的，可通过"国家税务总局全国增值税发票查验平台"查询发票的电子信息与纸质票面是否一致。取得的通用手工发票需要查询流向信息的，可通过"安徽省国税局发票信息查询平台"查询。

各单位（购买方）取得的不合规发票，不得作为财务报销凭证，财务部门有权拒收。不合规发票主要有发票本身不符合规定，如白条、内部结算凭证、收据等；发票开具不符合规定，如发票内容填写不真实，字迹不清楚，发票栏目填写不全，没有加盖发票专用章；发票来源不符合规定，如发票非从销售商品、提供服务的收款方取得的，而是从第三方取得。

各单位（购买方）从农业生产者处购买自产农产品，若销售方是一般纳税人和小规模纳税人，应取得普通发票并在税率栏填开"免税"字样；若销售方是个人，应申请代开普通发票并在税率栏填开"免税"字样。从批发、零售商处购买农产品（蔬菜、鲜活肉蛋）并享受免税的，应取得普通发票并在税率栏填开"免税"字样，并且不得抵扣进项税。

三、发票取得特殊规定

"营改增"全面试点后，各单位（购买方）因发生原营业税征收范围内的下列业务取得发票的备注栏应填开正确，备注栏填开不正确或应填开而未填开的发票都属于不合规发票。

（1）取得车船税增值税发票应在备注栏中注明代收车船税税款信息，具体包括保险单号、税款所属期、代收车船税金额、滞纳金金额、金额合计等信息。

（2）按现行政策规定适用差额征税办法而取得增值税发票备注栏自动打印"差额征税"字样。

（3）取得的建筑类增值税发票备注栏应注明建筑服务发生地名称及项目名称。

（4）取得的销售、出租不动产增值税发票备注栏应注明不动产详细地址。

四、增值税专用发票抵扣时间要求

各单位业务部门购买物资、服务及购电等取得的增值税专用发票，应及时送交财务部门入账，财务部门自发票开具时间起 360 日内进行扫描认证，或者在发票选择确认平台进行勾选，逾期将无法认证或在平台勾选。认证或勾选相符的，予以进项税抵扣，并将认证或勾选相符的专用发票抵扣联、《认证或勾选结果通知书》和《认证或勾选结果清单》装订成册。认证或勾选不符或无法认证的发票，可要求销售方重新开具专用发票，否则不得作为增值税进项税额的抵扣凭证。

第七节　发票丢失管理

一、丢失已取得专用发票的发票联和抵扣联

各单位（购买方）丢失已取得专用发票发票联和抵扣联的，如果丢失前已认证相符的，各单位（购买方）凭销售方提供的相应专用发票记账联复印件及销售方所在地主管税务部门出具的《丢失增值税专用发票已报税证明单》，经各单位（购买方）主管税务部门审核同意后，可作为增值税进项税额的抵扣凭证。

如果丢失前未认证的，各单位（购买方）凭销售方提供的发票记账联复印件到主管税务部门进行认证，认证相符的凭该专用发票记账联复印件及销售方所在地主管税务部门出具的《丢失增值税专用发票已报税证明单》，经各单位（购买方）主管税务部门审核同意后，可作为增值税进项税额的抵扣凭证。

二、丢失已取得专用发票的抵扣联

各单位（购买方）丢失已取得专用发票抵扣联的，如果丢失前已认证相符的，可使用专用发票发票联复印件留存备查。如果丢失前未认证的，可使用专用发票

发票联到主管税务部门认证，专用发票发票联复印件留存备查。

三、丢失已取得专用发票的发票联

各单位（购买方）丢失已取得专用发票发票联的，可将专用发票抵扣联作为记账凭证，专用发票抵扣联复印件留存备查。

第八节　发票保管与销毁

一、发票保管期限

各单位（销售方）应当按照税法规定存放和保管发票，不得擅自销毁。已开具发票存根联和发票登记簿保管期为5年，保管期满，报经主管税务部门查验后方可销毁。

二、空白冠名发票的销毁

空白电费冠名发票需要销毁的，由各单位营销部门提交书面报告与清单，清单内容包括：发票种类、发票代码、号码、数量。财务部门负责向主管税务部门提出销毁申请，参与发票销毁前的抽盘工作，并将空白发票送交税务主管部门指定地点。

三、发票存根联销毁

保管期满后，已开具的发票存根联销毁由各单位营销部门提交书面报告与清单，清单内容包括：发票种类、发票代码、号码、受票单位、开票金额、保存时间等。财务部门负责向主管税务部门提出销毁申请，参与发票销毁前的抽盘工作，并将已开具发票送交税务主管部门指定地点。

第九节　发票的检查与考核

一、发票的检查权

各单位财务部门、营销部门及审计部门有权进行下列检查：
（1）检查领购、开具、取得和保管发票的情况。
（2）调出发票查验。

（3）查阅、复制与发票有关的凭证、资料。

（4）复核发票金额、电量、电价等相关金额是否合规。

（5）其他。

二、发票的禁止行为

下列情形均属发票管理禁止行为：

（1）转借、转让、代开发票给他人。

（2）向他人提供发票或者借用他人发票。

（3）对发票保管不当造成发票遗失。

（4）应开具而未开具发票。

（5）虚构经营业务、虚开发票。

（6）以其他单据或白条代替发票开具。

（7）扩大普通发票或增值税专用发票开具范围。

（8）拒绝检查。

（9）隐瞒真实情况。

三、发票管理责任追究

各单位要建立健全发票管理责任追究机制。发生发票管理失责且给公司造成损失的，应追究相关人员责任；构成犯罪的，依法移送司法机关追究刑事责任。